自然
百科

U0721856

太阳系

自然百科编委会　编著

中国大百科全书出版社

图书在版编目（CIP）数据

太阳系 / 自然百科编委会编著 . -- 北京 ： 中国大百科全书出版社， 2025. 1. --（自然百科）. -- ISBN 978-7-5202-1675-3

Ⅰ . P18-49

中国国家版本馆 CIP 数据核字第 2025JH0678 号

总 策 划：刘 杭　 郭继艳
策划编辑：李秀坤
责任编辑：李秀坤
责任校对：邵桄炜
责任印制：王亚青
出版发行：中国大百科全书出版社有限公司
地　　址：北京市西城区阜成门北大街 17 号
邮政编码：100037
电　　话：010-88390811
网　　址：http://www.ecph.com.cn
印　　刷：唐山富达印务有限公司
开　　本：710mm×1000mm　1/16
印　　张：10
字　　数：100 千字
版　　次：2025 年 1 月第 1 版
印　　次：2025 年 1 月第 1 次印刷
书　　号：ISBN 978-7-5202-1675-3
定　　价：48. 00 元

—— 总　序

　　这是一套面向大众、根植于《中国大百科全书》第三版（以下简称百科三版）的百科通俗读物。

　　百科全书是概要记述人类一切门类知识或某一门类知识的完备的工具书。它的主要作用是供人们随时查检需要的知识和事实资料，还具有扩大读者知识视野和帮助人们系统求知的教育作用，常被誉为"没有围墙的大学"。简而言之，它是回答问题的书，是扩展知识的书。

　　中国大百科全书出版社从 1978 年起，陆续编纂出版了《中国大百科全书》第一版、第二版和第三版。这是我国科学文化建设的一项重要基础性、标志性、创新性工程，是在百年未有之大变局和中华民族伟大复兴全局的大背景下，提升我国文化软实力、提高中华文化国际影响力的一项重要举措，具有重大的现实意义和深远的历史意义。

　　百科三版的编纂工作经国务院立项，得到国家各有关部门、全国科学文化研究机构、学术团体、高等院校的大力支持，专家、学者 5 万余人参与编纂，代表了各学科最高的专业水平。专家、作者和编辑人员殚精竭虑，按照习近平总书记的要求，努力将百科三版建设成有中国特色、有国际影响力的权威知识宝库。截至 2023 年底，百科三版通过网站（www.zgbk.com）发布了 50 余万个网络版条目，并陆续出版了一批纸质版学科卷百科全书，将中国的百科全书事业推向了一个新的高度。

　　重文修武，耕读传家，是我们中国人悠久的文化传承。作为出版人，我们以传播科学文化知识为己任，希望通过出版更多优秀的出版物来落实总书记的要求——推动文化繁荣、建设中华民族现代文明，努力建设中国式现代化强国。

为了更好地向大众普及科学文化知识，我们从《中国大百科全书》第三版中选取一些条目，通过"人居环境""科学通识""地球知识""工艺美术""动物百科""植物百科""渔猎文明""交通百科"等主题结集成册，精心策划了这套大众版图书。其中每一个主题包含不同数量的分册，不仅保持条目的科学性、知识性、准确性、严谨性，而且具备趣味性、可读性，语言风格和内容深度上更适合非专业读者，希望读者在领略丰富多彩的各领域知识之时，也能了解到书中展示的科学的知识体系。

衷心希望广大读者喜爱这套丛书，并敬请对书中不足之处给予批评指正！

《中国大百科全书》编辑部

—— "自然百科"丛书序

在浩瀚的宇宙中，我们人类不过是一粒微尘，然而正是这粒微尘却拥有探索宇宙、理解自然、感悟生命的渴望。自然百科丛书旨在成为连接人类与自然万物的桥梁，通过《恒星》《太阳系》《山》《岩石》《矿物》《荒漠》《土壤》《湖》八个分册，带领读者踏上一段从宇宙深处到地球家园的多彩旅程。

《恒星》分册，我们从恒星形成讲起，它们不仅是夜空中闪烁的光点，更是宇宙历史的见证者。人类对恒星的观察和研究，不仅推动了天文学的发展，也让我们对宇宙有了更深的认识。

《太阳系》分册，我们将目光转向我们所在的太阳系，从太阳的炽热核心到遥远的柯伊伯带，探索八大行星的奥秘，以及那些无数的小天体。太阳系的研究，让我们对宇宙有了更深的理解，也让我们意识到在宇宙中，我们并不孤单。

《山》分册，我们回到地球，探索那些巍峨的山峰。它们塑造了地形，影响了气候，孕育了生物多样性。山与人类文明的发展紧密相连，无论是作为屏障还是通道，它们都是人类历史的重要组成部分。

《岩石》分册，我们深入地壳，了解构成地球的基石——岩石。岩石的种类、形成过程及它们在地质学中的作用，都是我们理解地球历史的关键。岩石是地球历史的记录者，它们见证了地球的变迁和生命的演化。

《矿物》分册，我们进一步探索岩石中的宝藏——矿物。矿物不仅是工业的原材料，也是自然界的艺术品。它们的独特性质和美丽形态，激发了人类对自然美的欣赏和对科学探索的热情。

《荒漠》分册，我们转向那些看似荒凉的荒漠。荒漠并非生命的禁区，而是适应极端环境生物的家园。荒漠的研究，让我们认识到地球生命的顽强和多样性，也提醒我们保护环境的重要性。

《土壤》分册，我们深入地球的皮肤——土壤。土壤能不断地供给植物所需的水分和养分，是农业生产的基本资料，是人类生存不可或缺的自然资源。对土壤的研究，让我们认识到土壤健康以及保护土壤的重要性。

《湖》分册，我们聚焦于那些静谧的湖泊。湖泊不仅是水资源的宝库，也是生态系统的重要组成部分。湖泊的研究以及它们对人类社会的影响，是我们理解地球水循环和保护水资源的关键。

自然百科丛书不仅是知识的汇集，也是启发思考的源泉。它帮助我们认识到，从宇宙到地球，每一个自然事物都与我们息息相关。通过这些知识，我们可以更好地理解我们所处的世界，更加珍惜和保护我们的自然环境。让我们翻开这些书页，一起探索、学习、感悟，与自然和谐共生。

自然百科丛书编委会

目　录

第1章

太阳系起源和演化

  太阳系是由太阳、八大行星、众多的卫星、大量的小行星和彗星以及行星际物质组成的天体系统。它的起源和演化的内涵涉及太阳系在何时，由何种原因形成，由何物质构成，经历何种方式和何种演化过程，如何导致现有各个成员天体的各自特征及成员天体之间的差异。此外，还包括阐述具有特殊意义的地球的起源和演化。

  20世纪50年代，恒星的起源和演化学说取得了辉煌的成就和进展。天文学家对太阳的诞生和演化史有了较为明确的认识和了解，开始实质性地推动太阳系的起源和演化的探索。到80年代，利用红外天文方法发现了一批具有盘状星际气体尘埃云的恒星，显示可能是正在形成中的行星系。这时天文学家才初步摆脱太阳系是研究其起源和演化的唯一样本的极度困难局面，开始有了可追溯起源和演化早期阶段的参照物。1992年，由于成功地借助最新的分光技术，提高了检测恒星视向运动速度的精度，能够确切地发现太阳系外的行星，到21世纪初已发现系外行星超过100个。随着观测能力的提高和观测技术的进步，对系外行星的观测获得了大量的成果，尤其是随着开普勒空间任务的成功实施，利用凌星法观测到众多包括类地行星和超级地球在内的等多行星系统。截至 2022 年，天文学家已经探测到了超过 3833 个行星系统中的 5197 多颗系外行星，为研究太阳系的起源演化提供了大量的样本，为科学地勾画太阳系的过去和未来的图像开创了新的前景。

◆ 研究简史

1644 年，法国科学家 R. 笛卡尔提出太阳、行星和卫星在太初混沌中诞生的"涡流说"。百年之后，法国天文学家 G.-L.L.de 布丰于 1745 年阐述太阳因受到彗星撞击而形成的"灾变说"。这两个假说虽然科学价值不大，但有启蒙作用，开启了后世的科学探索太阳起源和演化的新历程。1755 年德国科学家 I. 康德和 1796 年法国数学家和天文学家 P.-S. 拉普拉斯各自独立地提出太阳系起源的"星云说"。这两个假说虽然枝节上有所不同，但最主要的内涵均认为太阳和太阳系天体都起源于同一个原始星云。随后的百年间，"星云说"广为流传，影响极大，为近代的太阳系起源和演化研究奠定了基础。随着天文学的进展，开始认识到"星云说"的致命缺陷是无法解释太阳系天体之间的角动量分布特征，即占太阳系总质量的 99.8% 以上的太阳的角动量却不到太阳系总角动量的 1%，而不到总质量 0.2% 的太阳系其他天体却拥有总角动量的 99%。这样 19 世纪末到 20 世纪上半叶，先后出现了 T.C. 张伯伦的"星子说"、F.R. 摩耳顿的"微星说"、C.F.von 魏茨泽克的"旋涡说"、G.P. 柯伊伯的"原行星说"、O.Yu. 施密特的"陨星说"、H. 阿尔文的"电磁说"。其中"星子说""微星说""潮汐说"和"撞击说"都认为太阳系起源于灾变事件。前三者论述的是某个恒星在原始太阳附近掠过，在起潮力作用下将太阳物质拉出，或是先形成星子而后演变成行星，或是先形成微星再聚合为行星，或是物质团块凝缩成行星。后者则是恒星与太阳撞击，击出的太阳物质形成行星。恒星天文和银河系天文的进展表明，恒星世界中的碰撞天象发生的概率极小，太阳系的起源不应建立在极其罕见的事件上。随后，"旋涡说""原行星说""陨星说""电磁说"等学说又都回归到"星云说"的范畴。"旋涡说"认为原始太阳周围的气体尘埃云团转动而变成盘状结构，盘内的湍流形成几条同心旋涡，最终演化成行星；"原行星说"表明星云盘因引力不稳定性而解体为原行星，最后分别演化为类地行星和类木行星；"陨星说"认为太阳系天体原是太阳在银河系内运行进程中俘获的星际物质，其后再又演化为行星；"电磁说"则认为原始太阳星云中含有大量高度电离的气体，原始太阳在形成之初即具有磁场，星云盘中的中性星际物质聚合为原行星，在星云内的磁耦合机制作用下，出现今日太阳系角动量的特殊分布和行星自转的周期规律。

到 20 世纪 60 年代，综合多家研究成果之长而形成了现代的"原始星云理论"。众多学说中有诸如 H.C.尤里关于星云盘物质中的中等质量（10^{28} 克）天体形成行星、卫星、小行星和其他小天体的化学演化的论述，W.H.麦克雷对原始太阳星云的形成和演化过程的研究，以及 E.沙兹曼、A.G.W.卡梅伦、V.S.萨夫龙诺夫、F.霍伊尔等人的研究成果。如今，已在太阳的诞生和早期演化、行星和卫星的形成、太阳系的稳定性、太阳系角动量的分布、太阳系的化学演化等领域取得公认的进展。特别是阿塔卡马大型毫米/亚毫米阵列（ALMA）对大量原行星盘的观测，发现众多由气体和尘埃组成的气体盘环绕在年轻的恒星周围，为太阳系的星云盘和星云演化提供了新的天文观测证据。

◆ **研究进展**

①太阳于50亿年前诞生在原始太阳星云中，它是银河系内第二代或第三代的恒星。最早是星际物质因自吸引力和吸积作用形成的原始太阳。它在星际气体尘埃中先经过坍缩过程，进入历时仅4000万～5000万年短暂的引力收缩阶段。当核心区的温度增至1500万摄氏度时，氢聚变的核反应启动，从而变成自主产能的主序星太阳。

②太阳系天体于50亿～46亿年前起源于同一原始太阳星云，主要成分是气体，还有占总质量1%～2%的尘埃，围绕中心太阳的星云变化为旋转星云盘。在吸积作用下，星云盘物质形成行星、卫星、小行星和其他小天体。

③根据天体力学推断，在最近20亿年间，行星的轨道运动没有明显变化，为一动力学稳定性高的系统，但小行星和其他小天体的轨道则演化较大。

④几十亿年间，类地行星已经历巨大的地质演变，面目早已今非昔比。但小天体则保留较多的太阳系形成初期的信息，变化过程缓慢。

⑤类木行星的化学组成与太阳的近似。类地行星与类木行星在成分和结构上的差异是演化过程中化学分馏的结果。

⑥类地行星和月球的表面上的环形山结构主要是40亿年前之后的小天体陨击所致。

⑦太阳系角动量的特殊分布是太阳磁场在磁耦合机制作用下，转移了太阳角动量的后果。

⑧太阳系的起源和演化除动力学过程外，还有原子物理、化学、电磁学以及等离子体等的综合作用。

◆ **尚存的疑难问题**

除已取得的共识外，尚有许多环节和疑难有待理顺和解释，如原始太阳和星云盘的相互作用，星云盘物质和角动量的转化过程，星云盘中不稳定性过程，行星形成的吸积过程，类地行星和类木行星的形成先后顺序和所用时间，类木行星的气体吸积进程等。

第 2 章

太阳

太阳是太阳系的中心天体。太阳系的八行星和其他天体都围绕它运动。天文学中常以符号⊙表示。太阳是银河系中一颗普通恒星，位于距银心约 10 千秒差距的旋臂内，银道面以北约 8 秒差距处。它一方面与旋臂中的恒星一起绕银心运动，另一方面又相对于它周围的恒星所规定的本地静止标准（银经 56°，银纬 +23°）作 19.7 千米 / 秒的本动。

◆ 基本参数

太阳与地球的距离可用多种方法测定。最简单的方法是测定太阳视差，就是地球半径在太阳处的张角（约为 8.8″），然后由三角关系推算。更精确的是用雷达方法测定地球与金星的距离，再由开普勒第三定律推算。测量结果表明，日地平均距离（地球轨道半长轴）A 为 1.496×10^8 千米，其周年变化约为 1.5%，每年 1 月地球在近日点时为 1.471×10^8 千米，7 月在远日点时为 1.521×10^8 千米。光线从太阳到达地球需时约 500 秒。当观测者在日地平均距离处注视太阳时，视向张角 1″ 对应于日面上 725.3 千米。

在日地平均距离处测定太阳的角半径为 16′，因而可算得太阳半径 R 为 $6.963×10^5$ 千米，或约为 70 万千米，即为地球半径的 109 倍左右。太阳体积则是地球体积的 130 万倍。另外，由开普勒第三定律可算得太阳质量 M 为 $1.989×10^{30}$ 千克。太阳的平均密度 ρ 为 1.408 克 / 厘米 ^{3}。

太阳的总辐射功率可通过直接测量确定。根据"太阳极大年使者"人造卫星（SMM）上辐射仪的测量结果，在日地平均距离处，地球大气外垂直于太阳光束的单位面积上，单位时间内接收到的太阳辐射能量 S 为 1367 瓦 / 米 ^{2}，这个数值称为太阳常数。这样整个太阳的总辐射功率为 $L = 4\pi A^2 S = 3.845×10^{26}$ 焦 / 秒。单位太阳表面积的发射功率为 $a = L/（4\pi R^2）= 6.311×10^3$ 焦 /（秒·厘米 ^{2}）。

太阳上不同区域的温度，原则上可通过观测不同区域的辐射特征来确定，如连续光谱中的能谱分布、谱线轮廓和电离谱线的出现情况等。光谱观测还可得到太阳大气的化学组成、密度、压力、磁场强度、自转和湍流速度等物理参数。

◆ **总体构造**

由太阳光谱研究推算太阳表面温度约为 6000K，而结合理论推算的太阳中心温度高达 $16×10^6$K，在这样的高温条件下，所有物质都已气化，因此太阳实质上是一团炽热的高温气体球。通过观测和理论推算表明，整个太阳球体大致可分为几个物理性质很不相同的层次。除了中心区氢因燃烧损耗较多外，其他各层次在化学组成上无明显差别。从太阳中心至大约 0.25 太阳半径的区域称为日核，是太阳的产能区。日核中连续不断地进行着四个氢原子聚变成一个氦原子的热核反应，反应中损失的质量变成了能量，主要为 γ 射线光子和少量中微子。约从 0.25 至 0.75 太阳半径的区域称为辐射层，也称太阳中层。来自日核的 γ 射线光子通过这一层时不断与物质相互作用，即物质吸收波长较短的光子后再发射出波长较长的光子。虽然光子的波长不断变长，但总的能量无损失地向外传播。区域的温度由底部的 $8×10^6℃$ 下降到顶部的 $5×10^5℃$；密度由 20 克 / 厘米 ^{3} 下降到 10^{-2} 克 / 厘米 ^{3}。从 0.75 太阳半径至太阳表面附近是太阳对流层，其中存在着热气团上升和冷气团下降的对流运动。产生对流的主要原因是温度随高度变化引起氢原子的电离和复合。

对流层上方是一个很薄然而非常重要的气层，称光球层或光球。当用肉眼观察太阳时，看到的明亮日轮就是太阳光球。光球的厚度不过 500 千米，但却发射出远比其他气层强烈的可见光辐射。太阳在可见光波段的辐射几乎全部是由光球层发射出去的。因此当用肉眼观察太阳时，它就非常醒目地呈现在面前，这就是把它称为光球的原因。太阳半径和太阳表面都是按光球外边界来定义的。光球外面是较厚和外缘参差不齐的气层，称色球层或色球，其厚度在 2000 ～ 7000 千米。高度在 1500 千米以下的色球比较均匀，1500 千米以上则由所谓针状体构成。色球的密度从底部向上迅速下降，但其温度却从底部的几千摄氏度随高度迅速增加了近 3 个量级。色球上面是一个更稀薄但温度更高而且延伸范围更大的气层，称为日冕。日冕的温度高达百万摄氏度。日冕的形状很不规则，而且无明显界限。实际上距日心几个太阳半径以外的日冕物质是向外膨胀的，形成所谓太阳风，可延伸到太阳系边缘。

太阳光球、色球和日冕合称太阳大气，可通过观测它们的辐射特征，并结合理论分析来推测它们的物理构造。日核、辐射层和对流层则合称太阳内部或太阳本体，它们的辐射被太阳本身吸收，因而不能直接观测到它们，其物理构造主要依靠理论推测。

◆ **活动现象**

太阳基本上是一颗球对称的稳定恒星。然而大量观测表明，太阳在稳定和均匀地向四面八方发出辐射的同时，它的大气中的一些局部区域，有时还会发生一些存在时间比较短暂的"事件"。如在太阳光球中，可观测到许多比周围背景明显暗黑的斑点状小区域（称为太阳黑子）和比背景明亮的浮云状小区域（称为光斑）；色球中也可经常观测到比周围明亮的大片区域（称为谱斑）和突出于太阳边缘之外的奇形怪状的太阳火焰（称为日珥）；日冕中也可观测到许多明显的不均匀结构。特别是在色球和日冕的大气层中，偶尔还会发生表明有巨大能量释放的太阳爆发现象（称为耀斑）。上述现象不仅存在的时间比较短暂和不断变化，而且往往集中在太阳黑子附近的太阳大气的局部区域（这些局部区域称为太阳活动区）。同时，这些现象发生的过程中，尤其是发生太阳耀斑期间，从这些区域发射出增强的电磁波辐射和高能粒子流，特别是在X射线、紫外线和射电波段出现非常强的附加辐射，以及能量范围在 $10^3 \sim 10^9$ 电子伏的带电粒子流（主要为质子和电子）。通常把太阳上所有这些在时间和空间上的局部化现象，及其所表现出的各种辐射增强，统称为太阳活动。与此对应，把不包含这些现象的理想太阳，即时间上稳定、空间上球对称和均匀辐射的太阳，称为宁静太阳。

宁静太阳的物理性质在空间上只随日心距变化，在同一半径的球层中物理性质是相同的；在时间上几乎是不变的，其变化时标为太阳演化时标，即大于 10^7 年。这样就可把真实的太阳看作以宁静太阳为主体并附加有太阳活动现象的实体。换句话说，可把宁静太阳看作真实太阳的基本框架，而把太阳活动看作对宁静太阳的扰动。

太阳活动现象中，一次耀斑过程的持续时间只有几分钟至几小时，一个活动区的寿命为几天至几个月。同时，整个太阳大气中所发生的太阳活动现象的多寡，还表现出平均长度约为 11 年的周期（称为太阳活动周），也可能存在更长的周期。因此太阳活动的时标可认为从几分钟至几十年。太阳活动区本质上是太阳大气中的局部强磁场区，而各种活动现象则是磁场与太阳等离子体物质的相互作用结果。

应当指出，太阳活动所涉及的能量大小与整个太阳的总辐射能相比，仍然是微不足道的，如一次大耀斑释放的能量估计为 4×10^{25} 焦，若其持续时间为 1 小时，则其辐射功率为 10^{22} 焦 / 秒，与太阳的总辐射功率 3.845×10^{26} 焦 / 秒相比是可忽略的。因此，存在太阳活动现象丝毫无损于把太阳视为一颗稳定的恒星。大功率的稳定的辐射加上小功率的周期性的太阳活动，这就是现阶段太阳的主要特征。

◆ **各种辐射**

广义的太阳辐射包括向外发射的电磁波、太阳风、中微子、偶发性高能粒子流，以及声波、重力波和磁流波。其中电磁波辐射来自太阳大气。太阳风是从日冕区连续向外发射的等离子体，主要是质子和电子。太阳中微子是由日核中的核反应产生的，它们几乎不与太阳物质相互作用，而是直接从太阳内部向外逃逸。偶发性高能粒子流是当太阳大气中发生耀斑、爆发日珥和日冕物质抛射等剧烈太阳活动现象时产生的，这些粒子流不一定是等离子体，往往是质子或电子占优势。声波、重力波和磁流波主要是由太阳对流层中猛烈的气团运动激发并与磁场耦合产生的。太阳在上述各种形式的能流中，电磁波的能流远远超过其他形式的能流。如太阳风的发射功率约比电磁波小 6 个数量级，其他能流就小得更多。这样从能量的角度看来，电磁波以外的其他能流是可忽略的。因此若无特殊说明，通常都把太阳辐射理解为太阳电磁波辐射。

太阳电磁波辐射的波长范围从 γ 射线、X 射线、远紫外、紫外、可见光、红外，直到射电波段。但由于地球大气的吸收，能够到达地面的太阳辐射只有可见光区、红外区的一些透明窗口和射电波段。太阳的紫外、远紫外、X 射线和 γ 射线只能进行高空探测。太阳电磁波辐射的主要功率集中在可见光区和红外区，分别占太阳总辐射能量的 41% 和 52%。极大辐射强度对应的波长为 495 纳米，在黄绿光区。紫外线所占的能量比重仅为 7%。而太阳无线电波段以及远紫外、X 射线和 γ 射线所占的能量比重是可忽略的。粗略地说，太阳紫外线、可见光和红外波段的辐射是由光球发射的，而远紫外、X 射线、γ 射线和射电波段则来自太阳高层大气（色球和日冕）。

◆ **形成和演化**

太阳的演化途径主要取决于它的能源变化。太阳是一颗典型的主序星，关于主序星的产生及其演化过程，天文学家已做了大量研究，并已得到比较一致的看法。根据这些研究结果，太阳的一生大体上可分为五个阶段。①主序星前阶段。包括太阳在内的所有主序星都是由密度稀薄而体积庞大的原始星云演变来的。当星云的质量足够大时，在自身的引力作用下，星云中的气体物质将向星云的质量中心下落，其宏观表现就是星云收缩。这个过程的实质就是物质的位能变成动能。结果是星云中心区的密度和温度逐渐增大，并最终使其达到氢原子核聚变所需的密度和温度，这样便发生氢变成氦的核反应，它所释放的辐射压力与引力平衡，使星云不再收缩，形成一颗恒星。这个阶段经历的时间大约只需3000万年。②主序星阶段。以氢燃烧为能源，标志着太阳进入主序星阶段。由于太阳的氢含量很大，能源非常稳定，从而太阳的状态也非常稳定。因此这个阶段相当于太阳的青壮年时期。太阳已经在这个阶段经历了46亿年，这就是太阳的年龄（主序星前的3000万年可忽略）。根据理论推算，太阳还将在这个阶段稳定地"生活"约40亿年，然后进入动荡的晚年时期。③红巨星阶段。日核中的氢耗尽之后，包围日核的气体壳层里面的氢开始燃烧，壳层上面的气体温度上升，结果使太阳大规模膨胀。由于太阳光度的增大不如表面积增大快，单位表面积的发射功率下降，辐射波长移向红区，使太阳变成了一颗巨大的暗红恒星，即红巨星。太阳在红巨星阶段经历的时间大约是4亿年。④氦燃烧阶段。当太阳中心氢耗尽并变成原子量较大的氦之后，中心部分又开始收缩，密度和温度继续增大。当温度达到 $10^8℃$ 时，氦核开始聚变燃烧。与此同时，外面氢烧燃层的半径继续增大，但燃烧层的厚度却不断减少。中心氦和壳层氢耗尽后，接着就是壳层氦燃烧。太阳的氦耗尽之后，还可能经历几个更重元素的燃烧期。不过由于其他元素含量很少，这些时期均非常短暂。整个氦燃烧阶段的时间也只有5000万年，其他元素的燃烧时间则更短。⑤白矮星阶段。当太阳的主要燃料氢和氦耗尽之后，体积进一步缩小，它的半径可缩小到只有目前太阳半径的1%，而密度大约是现在的100万倍。这时太阳的光度只有目前太阳的1‰～1%，成为一颗很小的高密度暗弱恒星，即白矮星。太阳在白矮星阶段大约经历50亿年之后，它的剩余热量也扩散干净，终于变成一颗不发光的恒星——黑矮星。

根据理论推测的太阳演化过程中不同阶段的基本特征，如红巨星和白矮星等，均能在众多的恒星世界中找到实例，因此通常认为这种推测是可信的。

光　球

太阳大气的最低层是光球。用肉眼看到的明亮太阳圆盘，实际上是一个非常薄的发光球层，厚度不过500千米左右，是太阳光球层的简称。光球下面由于密度较大，来自太阳深层的辐射光子与太阳物质频繁相互作用（原子吸收光子后再发射出不同的光子），故对辐射来说物质是极不透明的。与此相反，在光球上方，由于密度稀薄，辐射光子与太阳大气原子几乎不再发生作用，对辐射来说物质是透明的。光球就是太阳物质由对辐射完全不透明向完全透明过渡的过渡层，即光球下方的辐射被完全吸收，上方的辐射则畅通无阻向外传播。因此在地面接收到的太阳辐射几乎全部是由这个过渡层，也就是光球发射出来的。研究表明，对于可见光波段的太阳辐射，这个过渡层的厚度只有100～200千米，它对应于地面观测者的张角只有几分之一角秒。肉眼看到的太阳边缘显得非常锐利，就是由于太阳可见光辐射的有效发射层非常薄的缘故。对于包括紫外直到红外的太阳主要辐射波段，有效发射层的厚度也只有500～600千米，这就是光球的总厚度。光球上方的高层太阳大气（色球和日冕）

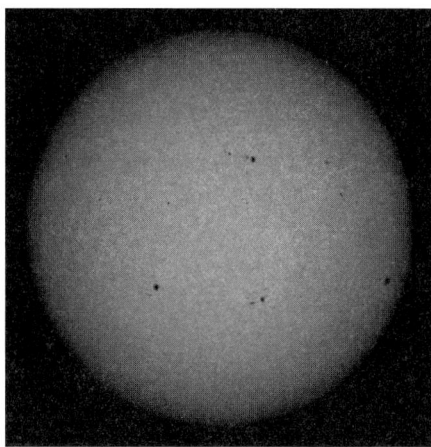

太阳动力学天文台（SDO）拍摄的
白光太阳照片

的辐射功率与光球相比是微不足道的，但它们的微弱辐射却包含着太阳高层大气的重要信息。这样在没有特别指明的场合，提到太阳辐射、太阳光谱和太阳表面，通常都指太阳的光球辐射、光球光谱和光球表面。一些太阳参数，如太阳半径和太阳表面重力加速度，也是以光球表面来定义的。采用未加滤光片的太阳照相仪拍摄的白光太阳照片就是光球的形象，其中可看到太阳黑子和光斑，以及临边昏暗现象。

光　斑

光斑是太阳光球中比周围背景明亮的区域。光斑通常出现在黑子附近，呈云彩状斑块。它们在日面中部区域很难看到。但在日面边缘附近，它们与周围宁静光球背景的亮度反差增大，变得明显。光斑一般比附近的黑子早出现，寿命也比这些黑子长得多。光斑上空的色球中也存在比周围宁静色球背景明亮的发射区，称为谱斑，它们是光斑在色球层的延

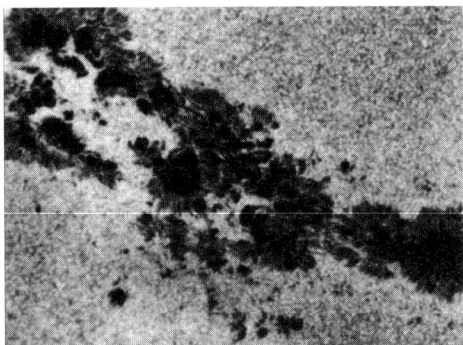

日面边缘的光斑和黑子

伸。在低分辨率的观测中光斑呈片状，高分辨率的观测中可看到它们实际上是由大量亮元组成的。单个亮元的直径小于1″，并且位于米粒之间的暗径中。每个亮元对应于一个与太阳表面大致垂直的磁流管，亮元即磁流管的顶端。在活动区附近亮元非常密集，形成了光斑亮区。在同一几何高度处，光斑磁流管内的温度实际上比周围光斑温度低。但由于辐射从横向进入光斑磁流管，在磁流管壁上形成很薄的热墙。当光斑在日面中心附近时，对地球上的观测者而言，热墙的投影面积太小，光斑难以看见。而当光斑在日面边缘附近时，观测到的热墙面积增大，光斑就显得比周围光球明亮。

色　球

色球位于光球和日冕之间的太阳大气层。通常把太阳大气中的温度极低层作为光球与色球的分界，亦即色球底部，它大约位于从光球底部（定义为波长为500纳米的光学深度为1处）起算的高度 $h = 500$ 千米处。至于色球的上边界，则难以明确。问题在于色球上层基本上是由从超米粒边界向上延伸的针状体构成。针状体大约从色球底之上约1500千米处向外延伸，可达到约5000千米的高度，但它们的覆盖面积只占全日

面积的 1% ～ 2%。而针状体之间的
区域实际上已具有日冕物质的特征，
比较均匀的色球仅限于从色球底向上
延伸约 1500 千米的范围。因此，对
于色球上界常有不同的说法，但大部
分研究者认为色球厚度约为 1500 千
米。色球底部的密度约为 8×10^{-8} 克 /
厘米 ^{3}，随高度迅速下降至顶部的约

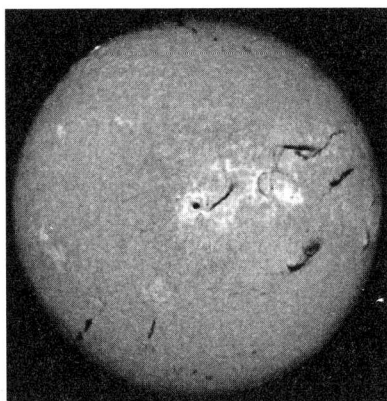

色球望远镜拍摄的色球照片

10^{-14} 克 / 厘米 ^{3}，但其温度却从底部的几千摄氏度向上迅速增加到顶部
的近 100 万摄氏度。由于色球的亮度只有光球的万分之一，比白天的天
空亮度还要暗，因此平时是看不到色球的，必须用专门的仪器（色球望
远镜）或在日全食时才能看到太阳色球层。日全食时看到的是色球在太
阳边缘的投影，而且时间非常短暂（通常只有几秒钟）。用色球望远镜
则可看到日面上的色球结构，如谱斑、暗条（日珥在日面上的投影）和
耀斑等活动现象。空间飞行器上拍摄的太阳照片上可清晰看到色球针状
体。关于针状体的本质和色球温度随高度增加的原因，尚在探讨之中。

谱　斑

谱斑是太阳色球中比周围背景明亮的区域。通常用两种单色光观测
太阳的色球层，即氢原子发射的 Hα（波长 656.28 纳米）或 Hβ（486.13
纳米）谱线和电离钙原子 Ca II 发射的 K 线（393.37 纳米）或 H 线（396.85
纳米）。用氢谱线观测到的谱斑称为氢谱斑，用钙谱线观测到的谱斑称

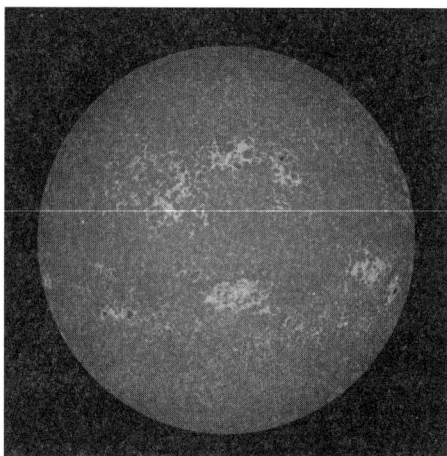

太阳动力学天文台拍摄的谱斑

钙谱斑。谱斑一般出现在黑子附近，但比黑子早出现，寿命也比黑子长得多。谱斑位置上与下方光球中的光斑对应，是光斑在色球中的延伸。谱斑的面积比下层光斑的面积更大，这是光球磁流管在色球层中扩散造成的。通常都把谱斑所占的面积作为太阳活动区的范围。

研究表明，谱斑的发射强度与下方光球的磁场强度成正比，可见谱斑的发射机制必定与磁场有关。谱斑磁场的磁感应强度为几十至几百高斯，极性分布取决于附近黑子磁场的极性分布。

冲 浪

冲浪是太阳活动区内光球物质的一种抛射现象，可与耀斑或小亮点共生，又称日浪。在日面边缘，冲浪常常是从一个小而明亮的小丘顶部以钉子形向外急速增长。冲浪爆炸区线度从几百千米到 5000 千米。抛射物质的总质量为 $10^{14} \sim 10^{15}$ 克。冲浪底部几乎完全位于黑子本影和半影内，或者在半影的外边界。内部磁场强度为 $0 \sim 150$ 高斯。高分辨率观测资料表明，冲浪是由一簇非常精细（小于 $1''$）的"纤维"组成，其中每根纤维都与胡须（或亮点）发亮互相联系着。在冲浪开始时，它们同时发亮。纤维间相距约几角秒。冲浪实质上是太阳活动区强磁场范围内高密度的等离子体抛射现象，在 10 ～ 20 分钟内可达到 100 ～ 200 千米 / 秒的极大速度。抛射最大高度为 1 万～ 2 万千米。大冲浪的前峰抛射大致经历三个阶段：开始以 1.2 千米 / 秒² 的加速度上升至极大速度；然后减速，其减速度大于重力加速度；当达到最大高度后，就以小于重力的加速度沿着同一轨道返回太阳表面。冲浪的初始加速，多数人认为是一团非磁导电流体在有梯度的外磁场的磁压力的作用下，在磁力线间被挤向梯度减小的方向，即类似于夹在两个手指中的一粒"瓜籽"被挤出去一样，称为"瓜籽"效应。冲浪有很强的重复出现趋势。在物质沿着上升

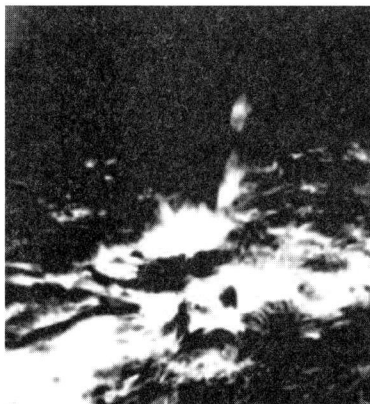

日面边缘的冲浪

轨道下落之后，一般又会触发新的冲浪。但它们的极大速度和最大高度一次比一次小。理论计算表明，冲浪在活动区上空的日冕中是严格遵循无电流场磁力线轨迹的。这说明冲浪运动几乎完全受活动区强磁场的支配和控制。

喷　焰

喷焰是耀斑区物质在耀斑扩张阶段中的高速抛射现象，又称耀斑喷焰。在日面边缘，有时可看到从一些耸立的明亮的小丘顶，以超过色球逃逸速度（610 千米 / 秒）的高速，向外喷射物质。喷射轨道不一定是沿径向的。由于速度很高，喷射剧烈，以致不像冲浪那样具有轮廓分明

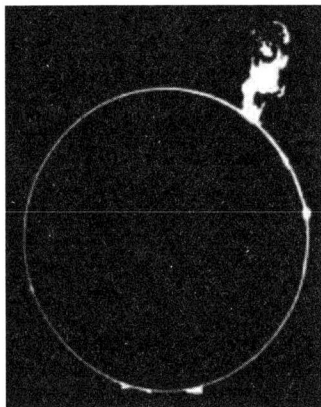

日面边缘的喷焰

的界线，而是呈碎片状喷射。此外，冲浪因受磁场限制，发射锥较小；而喷焰的发射锥较大，并且具有与耀斑本体相同的亮度，很像耀斑本体的发射。耀斑喷焰的速度超过色球的逃逸速度，因而不能像冲浪那样沿着发射出去的轨道返回太阳表面，而是射进日地空间。产生在日面上的喷焰，以急剧的运动越过耀斑区向外抛射出去，

形状并不规则，在开始时亮度往往超过周围的发射，逐渐变成暗于周围的吸收。日面上喷焰的速度往往比边缘喷焰的速度小，这表明大部分喷焰的真运动轨道是垂直于太阳表面的。

日　冕

太阳的最外层大气为日冕。日冕位于色球上面，亮度仅为光球亮度的百万分之一，比地面上的天空亮度暗得多，因此在地面平时看不见日冕，必须用专门的仪器日冕仪，或者在日全食时才能看见。安装在海拔2000米以上高山（那里天空散射光很弱）的日冕仪也只能看到从太阳边缘至大约0.3太阳半径范围的日冕。日全食时看到的日冕呈银白色，也是太阳边缘以外的投影日冕。从最好的日全食照片上，能够看到它可延伸到5～6个太阳半径的距离，但实际上它可延伸到超过日地距离。距日心5～6个太阳半径以外的日冕物质是以很高的速度向外膨胀的，

形成所谓的太阳风。太阳风就是动态日冕。日冕的温度高达100万～200万摄氏度，但密度却小于 10 ～ 14 克 / 厘米 ^{3}，而且随日心距迅速下降。日冕的温度比下层大气，即色球和光球高得多，原因是有非辐射能源输入日冕，使其获得额外加热。关于非辐射能源的性质，仍在探讨之中。在

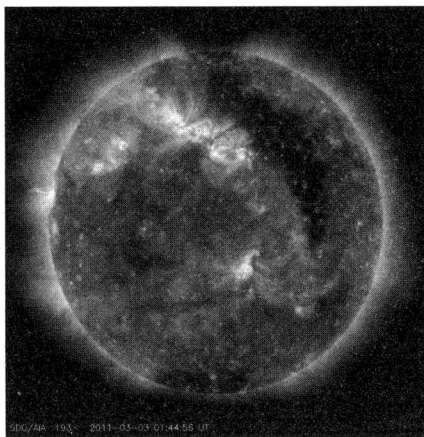

太阳动力学天文台（SDO）拍摄的
X 射线波段日冕照片

空间飞行器上用 X 射线观测整个太阳半球面上的日冕结构，能够看到活动区上空的日冕区中有许多亮环，非活动区的日冕则由更大尺度的弱亮环贯穿，还有一些几乎全暗黑的区域称冕洞。高温条件下的日冕物质处在高度电离状态，自由电子和各种高次电离原子倾向于沿磁力线延伸，因此日冕中的这些结构实际上反映了它的磁场分布。

冕流和极羽

冕流和极羽是日冕中比背景亮的两种延伸结构。冕流的长度与太阳活动有关，在太阳活动极大时延伸到约 $1R_\odot$（$R_\odot$ 为太阳半径），而在太阳活动极小时则可达 $2R_\odot$，宽度大于 $0.1R_\odot$。冕流按形状可分为两类：①盔状冕流。形状如钢盔，其下部罩住宁静日珥，在日珥上面是暗区，称为冕穴。在冕穴上常有亮冕弧和暗冕弧，形状为半椭圆或尖铲状，向上延伸到几个 $R_\odot$ 以外，向外膨胀的速度约为 1 千米 / 秒。②活动区冕流。

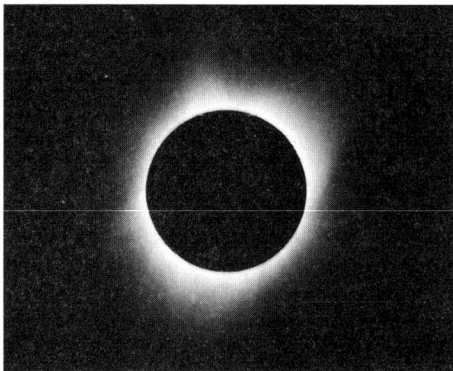

2017 年美国日全食照片（图中左上和右下可见太阳两极极羽）

在日面活动区向外延伸，延伸部分的截面较平整或略散开，向外膨胀的速度为 2 ～ 10 千米 / 秒。冕流是日冕磁场不均匀分布的结果，有人用在太阳大尺度磁场中有物质沿冕流的轴向流动来解释其形状。由于磁场冻结在物质中，物质沿磁力线流动就会使初始场变形，不过初始场强越大，变形就越难。因此，冕流从色球边缘到以直线形式延伸区域的起点的距离，是随场强的增加而增大的。

极羽出现在日面的两极区域，其宽度小于 $0.05R_\odot$，呈羽毛状，在太阳活动极小期特别明显。聚集在太阳极区的日冕等离子气体，由起着侧壁作用的磁场维持其流体静力学平衡，就形成极羽。极羽与磁力线的相似性说明太阳有极性磁场，并可据此画出太阳的偶极磁场来。

冕　洞

日冕中的低密度和低温区是冕洞。从空间用远紫外波段的谱线拍摄或软 X 射线波段拍摄的日冕照片中，可看到日冕中存在一些几乎是暗黑的区域，称为冕洞。观测表明，冕洞区的密度和温度均比周围低，其大尺度磁场的磁力线如喇叭状向外开放。在太阳的两极地区几乎总是存在冕洞，而且可从其中一极区延伸到中低纬度区。冕洞的演化缓慢，寿命往往可持续几个太阳自转周。冕洞的形状随太阳自转变化不大，它们几乎不存在较差自转。通过冕洞在日面上出现的时间与行星际空间的太阳风速度测量以及地磁场观测记录的比较，可判定冕洞是高速太阳风源。冕洞的大尺度开放型磁场在宏观上虽是单极性，从冕洞区光球磁场的小尺度分布看，洞区中仅仅是某种极性的磁流占绝对优势，一般可占90%左右，但另一种极性（称异极性）的磁流也并非为零，约占10%。冕洞区的平均磁流密度约为7高斯，略低于周围宁静日冕区的磁流密度（约为8高斯）。

太阳黑子

太阳黑子是太阳光球中的暗黑斑点。磁场比周围强，温度比周围低，是最常见和最容易观测到的一种太阳活动现象。简称黑子。在普通望远镜的焦平面上放置照相底片或电子像感器（如CCD电荷耦合元件）拍摄太阳，或用附加强减光滤光片的望远镜对太阳目视观测，有时能看到太阳表面经常出现的暗黑斑块，这就是太阳黑子。当太阳在地平线附近，或遇到薄雾天气时，日面上若有特大的黑子，往往用肉眼就能看到。

◆ 黑子分布

太阳黑子倾向于成群出现，因此日面上经常形成一些黑子群。每群中的黑子从一两个至几十个，单个黑子大小则从几百至几万千米。大部分黑子群由大致与太阳赤道平行的两部分组成。由于太阳自转原因，西边部分总在前面，称为前导部分；东边部分称为后随部分。前导部分的黑子大都比后随部分大，黑子的分布也较后随紧密，寿命也较长，而且比后随部分早出现和晚消失。前导黑子的纬度一般也较后随黑子稍低，因此黑子群相对于太阳赤道略为前倾，黑子群通常出现在太阳赤道两边 ±40°之间的区域。

◆ 本影和半影

较大的黑子结构复杂，其中心区常有一块或几块特别暗黑的核块，称为本影。围绕本影的淡黑区域称为半影。光谱观测表明，本影区的温度为 4000 ～ 4500K，半影区温度约为 5500K，均比太阳表面无黑子区域的温度（约 6000K）要低。高质量的照片上可看到黑子半影呈亮暗相间的纤维状结构，称半影纤维。本影中有时也出现一些亮颗粒，称为本影点。观测显示，半影中的亮纤维和本影中的亮颗粒均有向上的运动速度，与因对流运动引起的太阳表面的米粒组织有些相似，可见在黑子中对流并未完全消失。

单个黑子都有很强的磁场，强度为 1000 ～ 4000 高斯。黑子本质上是太阳表面的强磁场区，黑子越大，磁场越强。由于太阳等离子体难以横越磁力线运动，造成黑子区中对流不畅，太阳深层的热量难以充分输送到太阳表面，导致该局部区域温度下降，变得稍暗。因此，黑子的强磁场是造成黑子暗黑的原因。由两部分黑子组成的黑子群中，其前导和后随部分的极性往往相反，这种黑子群称为双极群。大多数双极群中前导和后随的磁通量近于相等，暗示这两部分是由共同的磁力线贯通的。黑子群中也有一部分为单一极性的单极群和具有复杂极性分布的多极群。

◆ 物理形态

黑子群的演化过程通常是由简单变复杂，再变为简单。最先是由米粒之间的暗点扩大为几个米粒大小的暗斑，称为气孔，就是无本影的最小黑子。许多气孔只存在几小时，或一天左右；另一些则发展成黑子和黑子群。气孔已有相当强的磁场，强度可达1000高斯以上。黑子群的寿命短的只有几天，长的可达几个月，大多为10～20天。黑子群在发展过程中，具有各种形态。为研究黑子群的演化规律，常按这些形态特征对黑子群分型，不同型别的黑子群具有不同的形态特征。

◆ **其他活动现象**

太阳黑子多时，其他活动也比较频繁。黑子附近的光球中总会出现光斑；黑子上空的色球中总会出现谱斑，其附近经常有日珥；黑子上空的日冕中则常出现凝块等不均匀结构。同时，最剧烈的活动现象——太阳耀斑，绝大多数也发生在黑子上空的大气中。所以太阳大气从低层至高层，以黑子为核心形成了一个活动中心，称为太阳活动区。黑子既是活动区的核心，也是活动区最明显的标志。这样就可用表示黑子群和黑子多寡的所谓"黑子相对数"来代表某日或某一时期的太阳活动平均水平。

黑子群

太阳黑子大多成群出现。每个黑子群由几个到几十个黑子组成，最多可达一百多个。黑子群一般有两个主要黑子。按太阳自转方向，在黑子群西部的黑子称为前导黑子，而在东部的黑子称为后随黑子。前导黑子大都出现较早，消失较迟，面积较大，同太阳赤道的距离较小。黑子群按它的磁场极性分单极群、双极群和复杂极性群，其中以双极群为常见。双极群中前导黑子的极性一般与后随黑子相反。同一太阳活动周中，北半球的前导黑子极性几乎相同，并与南半球的前导黑子的极性相反。在先后的两个太阳活动周中，前周黑子群的前导黑子和后随黑子的极性分布与后周的又完全相反。黑子群中异极性黑子的连线称为磁轴，在大多数情况下，磁轴对太阳赤道的倾角小于30°。

黑子群很少显著偏离上述一般情况，但一旦发生，太阳活动就会激烈起来。因此可以从中寻求太阳活动预报的有效判据。黑子群出现之前，在光球上往往先见光斑；在色球上往往先见谱斑发展或增亮；谱斑区先出现局部磁场；用高分辨率望远镜观测，往往先见到一些微黑子。另外，暗条（日珥）、日冕凝聚区、耀斑以及一系列太阳活动现象大都发生在黑子群上空。所以，黑子群是太阳活动中的重要组成部分，是太阳活动的基本迹象。

对黑子群分类，现用的有三种黑子型分类法：苏黎世黑子分类法；麦金托什黑子分类法，又称修订了的黑子分类法；磁分类法。

◆ 苏黎世黑子分类法

由瑞士苏黎世天文台 M. 瓦尔德迈尔在 1938 年提出。他按黑子群发展过程将其分为九个类型，用大写拉丁字母表示。

A 表示无半影的黑子或单极小黑子群。

B 表示无半影的双极黑子群。

C 表示类似 B 的双极群，但其中有一个主要黑子有半影。

D 表示双极群，两个主要黑子都有半影，其中有一个黑子是简单结构。东西方向延伸小于 10°。

E 表示大的双极群，结构复杂，两个主要黑子都有半影，且其间有些小黑子。东西方向延伸不小于 10°。

F 表示很大的双极群或很复杂的黑子群。东西方向延伸不小于 15°。

G 表示大的双极群，只有几个较大的黑子，而没有小黑子，东西延伸不小于 10°。

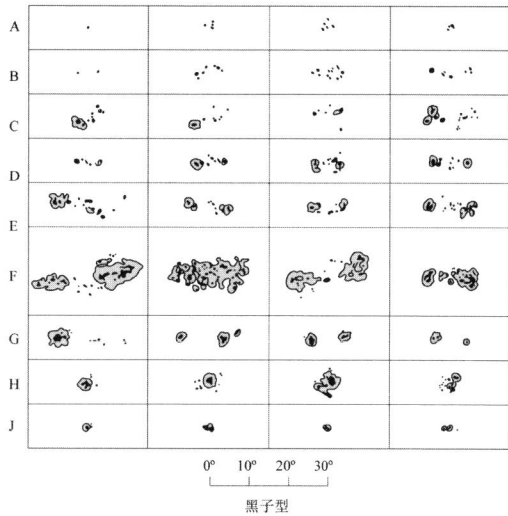

黑子群发展过程的九个类型

H 表示有半影的单极黑子或黑子群，有时也具有复杂结构，直径大于 2.5°。

J 表示有半影的单极黑子或黑子群，直径小于 2.5°。

◆ **麦金托什黑子分类法**

美国 P.S. 麦金托什提出。美国《太阳地球物理资料》月刊在 20 世纪 70 年代以后关于黑子群的记载一直采用这种分类法。它用并列三个字母分别表示黑子群三种特征：第一个大写字母表示黑子群的类型，采用苏黎世黑子分类法的分类，但作了一些修改，把原先的九类改分为七类，即 A、B、C、D、E、F、H。第二个大写字母表示黑子群内最大黑子的半影情况，分为六类，即 X、R、S、A、H、K。第三个字母表示黑子群紧密度或相对的黑子分布，分为四类，即 X、O、I、C。

◆ **磁分类法**

是现在普遍使用的美国海尔天文台的分类法,由 G.E. 海尔等人于 1919 年根据几千个黑子群每个测点的极性测量提出。这种分类法把黑子群分为 α(单极)、β(双极)、γ(复杂极性)三类,或用字母 A、B、R 表示。再按黑子极性是对应于本太阳活动周所在半球的前导黑子还是对应于后随黑子,用字母 p、f 表示,或用字母 P、F 表示。

AP 或 αp 表示单极群,极性为本活动周所在半球的前导黑子的极性。

AF 或 αf 表示单极群,极性为本活动周所在半球的后随黑子的极性。

BP 或 βp 表示双极群,前导黑子的极性占优势。

B 或 β 表示双极群,前导和后随黑子的极性几乎相等。

BF 或 βf 表示双极群,后随黑子的极性占优势。

BR 或 βγ 表示具有一般 B 型特征的双极群,但其中有一个或几个小黑子极性颠倒。

R 或 γ 表示极性混杂的复杂群。

D 或 δ 表示在同一半影内有彼此相距 2° 以内的异极性的黑子群。此型是在 20 世纪 60 年代初提出的。

微黑子

用白光观测到的日面上亮度比光球暗而没有半影的斑点称为微黑子。最小的微黑子的一般直径为 $1''\sim 5''$(相当于 $700\sim 3500$ 千米)。微黑子的视亮度不到光球的视亮度的 65%,温度低于 5600K,其单位面积辐射功率为 3×10^7 瓦 / 米^2。微黑子的磁场非常密集,磁场强度大于

1400 高斯，并且较为均匀，但在边缘小于 0.5″ 处突然下降。微黑子的寿命约几小时。它们出现在米粒组织之间，常常是黑子的初始阶段。如果半径超过 1750 千米，一般就产生半影而形成黑子。

日　珥

日珥是突出于太阳边缘色球之上的火焰状物质。日珥在太阳圆面上的投影就成了暗条。日珥的主体在日冕当中，底端与色球相连。太阳边缘看到的日珥如篱笆、云彩、喷泉和圆弧等形状。厚度约为 5000 千米，高度一般为几万千米，长度可达 10 万～ 20 万千米。但爆发日珥的高度可达几十万千米。日珥中有精细结构，一般由条状的纤维组成，纤维中有些亮块，称为节点。日珥的分布范围比黑子广。除中纬度和低纬度的黑子带日珥外，还有纬度超过 40° 的极区日珥。黑子带日珥的出现规律与黑子相似，出现频数和平均纬度都有约 11 年周期变化。而极区日珥则在黑子数极大过去 3 年后开始出现，持续到黑子极少期。

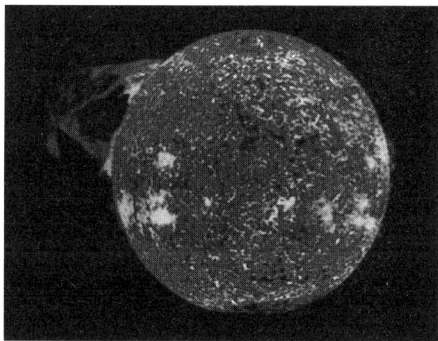

突出于太阳边缘的日珥

日珥大体上可分为三类：①宁静日珥。形状长期稳定，一般体积较大，寿命可达 2 ～ 3 个月。经常出现在活动区发展的后期，又出现在高纬的日珥中。②活动日珥。又称黑子日珥或电磁日珥，大多数出现在黑子附近，形状不断变化，并可觉察到其中物质的缓慢运动。这类日珥的主要特点是其形状和非径向运动均表现出电磁力在其中起主要作用。③爆发日珥。某些宁静日珥或活动日珥会突然发生猛烈的爆发性膨胀或向外抛射。成为爆发日珥。爆发日珥沿径向抛射的速度可达每秒几百千米，高度可达 0.3 ～ 0.5 太阳半径，有时也会超过一个太阳半径。爆发日珥向外抛射过程中，物质加速往往是跳跃式的，有时可达逃逸速度。关于日珥的形成问题尚在探讨之中。

暗 条

暗条是日珥在太阳表面上的投影。因为日珥的亮度比日面的亮度小得多（相差约两个数量级），所以日珥在日面上的投影是暗黑的。在太阳单色像上，暗条好像是一条条蜿蜒曲折的长蛇。有些暗条是极性相反的局部磁场的分界线。因此，这些暗条的曲折迂回的程度，在一定意义上反映出局部磁场结构的复杂程度。暗条的产生、发展和消失有一定的规律。一般说来，暗条出现在黑子区域，逐渐向日面高纬度区移动，长度不断增加，并由于太阳的较差自转而变形，在最后阶段靠近赤道的一端首先消失。暗条往往持续几天，甚至几个星期都处于宁静状态。但有时会在短短几分钟内突然活跃起来，运动速度急剧增加，形状快速改变。

荷兰开放式望远镜（DOT）拍摄的暗条照片

一段时间以后，暗条又恢复宁静状态。

另一个值得注意的现象是暗条突然消失，本来长期存在的暗条一下子就无影无踪。实际上，这并不是组成暗条的物质消失了，而是由于暗条从宁静状态突然变成活动状态，它在视线方向上的速度急剧增加或减少，这时多普勒效应引起波长变化，超过了单色观测仪器的出射狭缝（或单色滤光器的透过波带）的范围，于是太阳单色像上的暗条就突然看不见了。

爆发日珥

爆发日珥是激烈活动的日珥，分为同耀斑有关的和同耀斑无关的两类。同耀斑有关的一类又分为突然消失型和质量抛射型。质量抛射型爆发日珥是从耀斑中抛射出来的高速等离子体云，这种激烈的抛射现象常伴随有爆震波，因此也同耀斑的射电Ⅱ型爆发和Ⅳ型爆发有关。突然消失型爆发日珥又称暗条突逝。在太阳 Hα 单色像中，宁静暗条常沿着磁场中性线排列。当它们受到耀斑波（即莫尔顿波）等的扰动时，几分钟内就突然消失，然后经过半小时至几小时逐渐恢复原状。理论上的解释是：宁静日珥位于磁力线弧顶部的凹陷处，受到扰动后磁力线变直，凹陷处磁力线上升，于是日珥物质便被弹射出去，形成爆发日珥；这时由于多普勒效应引起谱线位移，超出了单色滤光器的透过频带，在 Hα 线心便

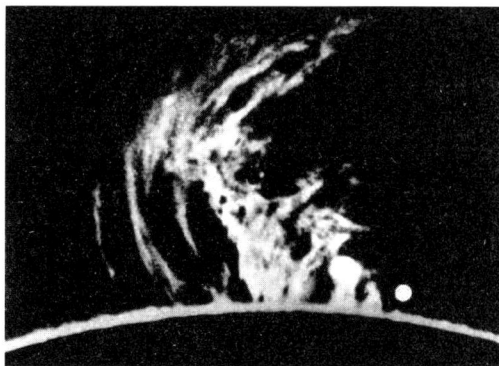

1917 年 7 月 9 日拍摄的大日珥
（高 225000 千米，白圆面表示地球大小）

看不到日珥在日面的投影——暗条，这就是暗条突逝的原因。同耀斑无
关的爆发日珥通常是在无黑子的冷活动区中，宁静日珥受上浮磁流的扰
动而被抛出，遂形成爆发日珥。

太阳耀斑

太阳耀斑是太阳大气局部区域突然变亮，并伴随有增强的电磁辐射
和粒子发射，是最剧烈的太阳活动现象。20 世纪 50 年代以前，太阳耀
斑的定义是指用氢的 Hα 谱线观测到太阳色球谱斑中的突然增亮现象，
因此早先也称为色球爆发。后来多种手段的综合观测表明，Hα 谱线突
然增亮的同时，还伴随有一系列更高能的现象发生，包括从波长短于
0.1 纳米的 γ 射线、X 射线、紫外线、可见光，直到波长达几千米的射
电波段——几乎全波段的电磁辐射增强，以及发射能量从 10^3 电子伏直
到 10^{11} 电子伏的各种粒子，同时还观测到大规模的物质运动和抛射现
象。较大耀斑释放的能量是 10^{25} 焦量级。因此，现代的太阳耀斑概念应
包括所有这些突变现象，也应更全面地把太阳耀斑理解为发生在太阳大
气局部区域的大规模能量突然释放过程。而把色球谱斑增亮称为光学耀
斑，是耀斑在可见光 Hα 辐射增强的表现，是耀斑发生的一种标志。大
量观测结果表明，太阳耀斑的增强电磁辐射和粒子发射，分别是由太阳
大气中不同区域发射出去的。电磁辐射主要产生于低温耀斑区（即光学
耀斑区，电子温度 $T_e \approx 10^4 K$，电子密度 $n_e \approx 3 \times 10^{13}$/ 厘米 ^{3}），粒子
发射则起源于从色球 - 日冕过渡区至日冕中的高温耀斑区（$T_e \approx 10^7 K$，

$n_e \approx 10^{10}/$ 厘米 ^{3} ）。从释放能量的大小或从触发耀斑事件的起始位置看，耀斑的主体应当是高温耀斑区，而光学耀斑是较低能的次级现象。即导致耀斑发生的等离子体不稳定性的触发系发生在高温耀斑区附近，然后由触发区产生的粒子流和热传导一起向下层传播，在低层大气激发产生光学耀斑。

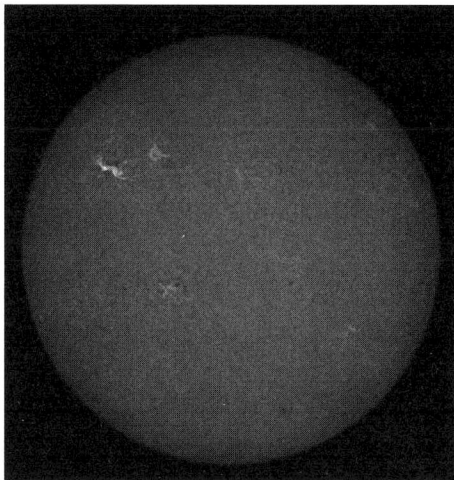

太阳耀斑（太阳圆盘中左上角的丝带状亮区）

太阳耀斑现象涉及许多复杂的物理过程，包括 10^{25} 焦量级的能量积累，等离子体不稳定性的触发，高能粒子的加速和传播方式，它们激发产生的从 γ 射线、X 射线、紫外线和可见光直到射电波段辐射增强的机制，同时发生的耀斑区大气动力学变化，以及物质运动和抛射现象等。因此，对太阳耀斑的研究具有重要的理论意义。另外，耀斑事件引起的 X 射线辐射增强将破坏地球电离层的正常状态，耀斑的高能粒子流将造成地球轨道附近高能粒子污染，并干扰地球磁层，产生地磁暴，这些扰动也会向下传播，导致地球低层大气（平流层和对流层）动力学状态的变化。通过这些扰动，对人类的航天活动、无线电通信、物理探矿、导航和航测、高纬地区的电力系统，以及天气和水文领域产生影响。因而，预报太阳耀斑的发生又具有实际应用价值。对于太阳耀斑的研究，已成为太阳物理学中最热门的研究课题之一。

白光耀斑

太阳耀斑一般通过白光是看不到的，只能通过氢谱线 Hα 或电离钙的 H 和 K 谱线才能观测到。然而有少数较大的耀斑，在其闪相阶段的某一时段中在可见光的很大波段范围内可观测到存在很强的连续辐射。这时就可用白光望远镜看到或拍摄到这些耀斑，就是白光耀斑。从 1859 年英国天文学家 R.C. 卡林顿首次发现白光耀斑以来，只看到过百余次事例。

白光耀斑通常发生在黑子面积较大和结构复杂的活动区中，白光辐射的起始时间几乎都在耀斑闪相期中，于 Hα 增亮不久出现，极大过后迅速消失，一般仅持续几分钟，不超过 10 分钟。发亮点通常有二三块，大多处在较大的 Hα 亮区中，与 Hα 耀斑核对应。白光发亮的面积量级为 10^{17} 平方厘米，不超过 10^{18} 平方厘米，只占它们所处的 Hα 亮块中的 10% ～ 15%。白光亮块倾向于出现在黑子半影区，靠近本影边界，那里的磁场梯度较大。大多数白光耀斑伴随着 X 射线爆发、射电微波爆发、Ⅱ 型和 Ⅳ 型射电爆发，以及产生地球物理效应的高能质子发射。白光辐射的光度变化曲线在时间上与硬 X 射线辐射的变化大致相符，与射电微波爆发也符合得较好，明显表示这些辐射起源于同一批非热电子的作用。白光耀斑的观测还发现，白光亮块消失之后，有时在 Hα 亮块的边缘会出现白光增亮，并以大约 40 千米 / 秒的速度运动，这种现象称为白光耀斑波。它与 Hα 单色光中看到的莫尔顿波不是一回事，因为速度相差很远。白光耀斑波的起源和本质尚未弄清。

白光耀斑连续辐射的主要特征是，在可见光区的辐射增强若以相应波长的光球背景辐射为单位几乎不随波长变化，以及波长小于 4000 埃波段的突然增强（可达到背景的二三倍）和较弱的帕邢连续辐射增强。白光耀斑的 Hα 谱线宽度可达二三十埃。白光耀斑在波长小于 4000 埃区的连续辐射增强称为白光耀斑的蓝光现象，是白光耀斑理论必须解释的难点之一。一些学者认为白光耀斑可以分为两大类，它们的光谱特征有明显不同。Ⅰ 类白光耀斑连续辐极大与硬 X 射线和微波辐射极大对应得很好，光谱中存在很强的巴耳末跳跃，巴耳末谱线很强和很宽；Ⅱ 类白光耀斑则相反，它们不存在连续辐射极大与硬 X 射线和微波辐射极大之间的对应关系，没有或只有很弱的巴耳末跳跃，巴耳末谱线较弱也较窄。这些差别表明，两类白光耀斑可能有着不同的起源和物理机制。大多数白光耀斑属于 Ⅰ 类，只有少数属于 Ⅱ 类。

关于白光耀斑的起源，长期存在争议。对于它们连续辐射的发射层高度和辐射机制，以及能量传输过程均有不同看法。多数人认为连续辐射层主要在光球，少数人认为在色球，也有人认为辐射部分来自光球和部分来自色球。一般的看法是，与普通耀斑类似，白光耀斑的原始能量来自日冕中磁重联区加速的高能粒子流。这些粒子流向下轰击下层大气，并与热传导一起加热色球顶部附近的大气，形成色球凝聚区，其温度超过其下方的大气温度，从而产生向下方大气的返回加热，导致色球下层甚至光球受到激发，产生白光耀斑。具体事例的计算表明，这种返回加热可以达到光球低层，而源于日冕中磁重联区加速的高能粒子流由于能量消耗，是无法达到这个深度的。上述返回加热机制可以解释 Ⅰ 类白光耀斑，其中色球温度有明显增高，光球温度增加较少。但 Ⅱ 类白光耀斑中主要是光球温度增加明显，色球温度增加不明显，需要寻找另外的理论解释。

白光耀斑具有比一般耀斑更高的发射功率（峰值功率可达 10^{28} 尔格／秒），大多数具有很强的地球物理效应。同时，由于涉及连续辐射，激发的大气深度比一般耀斑更深。它们的物理过程也比一般耀斑更复杂，属于太阳耀斑中最剧烈的一类，因此相关研究具有重要的理论意义，受到许多太阳研究者的重视。

再现耀斑

再现耀斑是在太阳活动区中同一位置上反复出现，在结构形态和发展趋势上极其相似的耀斑，又称相似耀斑。1938 年，M. 瓦尔德迈尔首先发现耀斑会在同一位置重现。后来，H.W. 多德森等对 3 个活动黑子群中的 83 个耀斑位置进行研究，再次证实这一点。1960 年，M.A. 埃利森等人利用第 19 太阳活动周的资料又对这类耀斑作了研究，并提出"再现耀斑"这一名称。有些边缘耀斑与原有耀斑结构相似，可见也存在边缘再现耀斑。

除了在光学波段以外，1961 年，A.D. 福克等人在几个不同的射电波段发现有相似事件。他们指出，在同一太阳活动区中与耀斑相对应的多次射电爆发，有时在强度曲线上表现得十分相似，波段完全相同，持续时间与极大强度之间也存在一定的相应关系。据此，福克拟定了一个相似射电事件的选取标准（H 值），即只有当射电爆发在米、分米、厘米波段同时都出现时才选取。然而福克等人并未了解光学相似耀斑与射电相似爆发之间的相应关系。1970 年，K.P. 怀特等人报告了一个光学和射电都是"再现"的耀斑，再现的时间间隔为 54 小时。它们在结构形态、相对于黑子群的位置和 Hα 线宽度的变化这些光学表现方面相同，而且在 10.7 厘米波段射电爆发强度曲线细节上也相似，特别是 Hα 线宽度曲线和 10.7 厘米波段上的射电爆发强度曲线彼此有很好的对应关系。同年，U.R. 盖帕拉·劳指出：光学上相似的耀斑，对应的射电爆发也是相似的，反之亦然。

再现耀斑在黑子群的同一个位置上出现，意味着在活动区上空耀斑产生的地方，磁场状况在相当长的时间内（2、3 天）保持不变。磁场测量表明，有的磁场在耀斑爆发之后很快恢复到爆发前的状况，有的在爆发前后没有实质性的变化。

第 **3** 章

行星

行星是围绕恒星或恒星遗迹运行的，能够满足以下三项条件的天体：①质量足够大，自身重力足以维持接近圆球的形状。②质量不够大，还没有引起内部热核反应。③已经清空了邻近区域内的星子。行星常特指太阳系内围绕太阳运行的天体，已知的有水星、金星、地球、火星、木星、土星、天王星和海王星 8 颗。中心天体不是太阳的行星叫作系外行星，以示区别。

上述定义是国际天文学联合会（IAU）第 26 届大会于 2006 年通过的。为了帮助理解，再做以下补充说明：①定义原来聚焦于太阳系内，这里扩大到了系外行星。恒星遗迹指的是大质量恒星演化晚期残留的白矮星、中子星和黑洞等天体。②接近圆球形状也就是行星内部重力压倒热力和电磁力，达到流体静力学平衡，得以维持其物理结构的状态。③清空邻近区域，指的是在行星系演化过程中已经将邻近星子吸积或扫除，轨道上只剩下了一颗行星；没有清空指的是轨道附近还有多个差不多大小的其他天体，没有清空的天体若满足前两个条件，就归类为矮行星。

◆ 认识史

肉眼可见的五颗行星在星空中的移动，早就引起先民的关注和思考，成为神话、宗教和天文学共同的话题。中国古代学者把它们叫作"五行"，并且与其他事物相联系，发展成完整的哲学体系。希腊人把它们叫作"漫游的星"，演变出"planet"一词。希腊人和罗马人还把它们尊奉为维纳斯、马尔斯和宙斯等天神。

认识行星的历史也就是厘清以下几个问题的历史：

①地球和太阳是不是行星？古代希腊、中国和巴比伦学者的回答几乎是一致的：太阳、行星、甚至恒星都围绕着地球运行，地球不是行星，而是宇宙的中心；太阳只是围绕地球运行的行星之一。公元 2 世纪时托勒密发展出了完整的地心说和可与观测比较的数学模型。

希腊学者也有不认同地心说的，公元前三世纪的阿利斯塔克就认为地球是和行星一道围绕太阳运行的。为日心说发展出可与观测比较的数学模型是一个艰苦的过程。这个任务在 16 世纪中期由 N. 哥白尼提出，到 17 世纪头 20 年由 J. 开普勒完成，他发现的三条运动定律确立了太阳的中心地位和行星绕太阳运行的规律。17 世纪末，I. 牛顿进一步阐明了其中的物理机制。

②行星究竟有几颗？直到 1781 年 F.W. 赫歇尔发现天王星，人们认可的行星包括地球一直是 6 颗。此后新天体接连发现，到了 1930 年时，这个数字增加到了 9 颗，其中海王星和冥王星是后来发现的。1801 年发现的谷神星一度被认为是新行星，后来因其个头比其他行星小得多，

才被确定为小行星。1986 年 IAU 大会严格定义行星时，谷神星又被升格为矮行星，而冥王星却被降格，于是行星数目变成了现在的 8 颗，无人能肯定这是太阳系中行星的最终数字。海王星以外的广袤空间中已经发现了许多矮行星和小天体，那里存在着发现新行星的机会；水星以内的空间虽小，却极其不利于探测，那里也有发现新行星的机会。

③太阳系外有没有行星？ 1992 年，A. 沃尔兹森和 D. 弗雷第一次发现了系外行星，这是 2 颗围绕着脉冲星 PSR 1257+12 公转的行星。截至 2021 年 10 月，已经在 3364 个行星系中发现了 4531 颗系外行星。

◆ **物理特性**

①质量。行星的质量受其定义条件①和②的限制，存在上限和下限。太阳系中质量最大的行星是木星，其质量为地球质量的 317.8 倍。但这还不到上限，太阳系天体不发生热核反应的上限是木星质量的 13 倍。由于同位素丰度的不同，这个上限对系外行星并不适用，已经发现的系外行星，质量有达到 24 倍木星质量的。

太阳系中质量最小的行星是水星，只有地球质量的 0.06 倍。这也不到下限，系外行星中质量最小的是围绕脉冲星公转的 PSR B1257+12A，质量只及水星的一半。围绕主序星公转的行星中质量最小的是 Kepler-37b，只比月球略重。

②内部分异。行星按其成分和结构可以分为类地行星、气态巨行星和冰巨行星，演化早期都有一个全液态的阶段，这时较密较重的物质向中心沉降，而把较轻物质留在表面附近。行星内部因此分异成为致密的核和包裹着核、可能仍然是液态的幔。类地行星核的主要成分是铁和镍

元素，幔的主要成分是硅酸盐，幔外面还覆盖着固态的壳。至于巨行星，据推测，核的成分在气态巨行星是岩石和金属，在冰巨行星则只有岩石；幔的成分在前者是金属氢，在后者是水、氨和甲烷等物质的冰。巨行星的幔直接融入上部云层。行星核内的流体活动造成"发电机"，产生行星磁场。

③大气。除水星外的 7 颗行星都有足够强的重力，因而可以维持各自的大气。氢氦等轻气体只有巨行星的强大重力才能束缚，较小行星只能任由它们逃逸到行星际空间。由于生命活动产生了大量自由氧分子，地球大气的成分与其他行星大不相同。受到太阳辐射能量和行星内部能量变化的影响，行星大气中会形成诸如地球上的台风，火星上的全球尘暴，木星上比地球还要大的反气旋（大红斑）和海王星上的大气洞那样的天气系统。系外行星 HD 189733 b 上也发现了大红斑两倍大的天气系统。

④磁层。行星磁层产生于它的磁矩。存在磁场表明行星内部仍然存在地质活动，也就是存在产生磁场的导电物质流。磁场显著改变行星和太阳风的相互作用，生成包绕着行星的磁层，这是一个太阳风无法穿透的比行星自身大得多的空腔，能够保护行星免受太阳风的轰击。与此相反，非磁化行星只有产生于电离层和太阳风相互作用的小磁层，形成不了对行星的有效保护。太阳系的 8 颗行星中，金星和火星没有磁层。磁化行星中，磁场最弱的是水星，完全抵挡不住太阳风；最强的是木星。其他行星的磁场与地球相差不多，但磁矩要大得多。

◆ 视运动

行星视运动是行星相对于地球的运动。由于行星和地球都在绕太阳运行，行星的视运动表现为由西向东的顺行、由东向西逆行和转换方向时的留等复杂的情况。

行星在任何时刻的位置需要六个相互独立的参数（轨道倾角、升交点黄经、近日点角距、轨道半长径、偏心率、行星经过近日点的时刻）。按公转轨道在地球轨道之内还是之外，行星（不包括地球）划分为内行星和外行星。内行星只有水星和金星两颗，其余 5 颗都是外行星。注意与按内部结构和成分划分的类地行星和巨行星相区别。

内行星只能出现在太阳前后一定的范围内。内行星到太阳的最大角距离叫作距角，水星和金星的距角分别为 28° 和 48°。

◆ **卫星和环**

水星和金星以外的 6 颗行星都有天然卫星。地球 1 颗，火星 2 颗，巨行星都卫星众多，自成系统。巨行星的许多卫星具有类地行星和矮行星的特征。四颗巨行星还有大小不同、结构复杂的行星环绕转。行星环主要由尘埃等微粒物质构成，可能是由坠入主星洛希限的卫星在潮汐力作用下瓦解而来的。

行星环

行星环是由尘埃和小卫星等固态物质组成的围绕行星的盘或环。太阳系已知的巨行星都带有环系，以土星环最为著名。早在 1610 年，伽利略就观测到了土星环，但直到 45 年后，惠更斯才分辨出盘的形状。天王星环发现于 1977 年的掩星观测，木星环和海王星环则分别是在

1979 年由旅行者 1 号和 1989 年由旅行者 2 号探测器发现的。

　　大而结构复杂的土星环系不像以前想象的那样由许多小环组成，而是由数量更多、密度各异的盘组成，成分主要是水冰颗粒和微小岩石，

土星环

大小从微米到数米。致密的主环位于距离土星赤道 7000 ～ 80000 千米的空间中，半径为 60300 千米，厚度变化范围从 10 米到 1 千米。环系总质量估计为 $3×10^{19}$ 千克，略小于土卫一的质量。环系的结构非常复杂，几千条缝隙分布其间，大者如卡西尼环缝和恩克环缝在地面上就能观测到。环系中还有螺旋波，甚至还有自己独立于土星的大气。

　　天王星环系中清楚分辨出了 13 条环，多数只有几千米宽且不透明，成分主要是水冰和一些辐射生成的有机物。由于天王星外大气层的影响，相对缺少尘埃。木星环系由一个暗而厚，叫作"晕"的圆环，一个相对较亮的主环和两个暗而宽的薄环组成，成分主要是尘埃。海王星环系有 5 条暗而多尘的主环，结构颇像木星环系。环中很暗的物质与天王星环一样，是辐射生成的有机物。

　　构成环系的物质有三种来源：原行星盘内的物质，因位于行星洛希极限内而无法形成卫星；卫星受较大碰撞产生的碎片；卫星穿过洛希极限内时潮汐瓦解产生的碎片。大多数环都不稳定，可能在几千万或几亿年里消失。土星环是个例外，已经由太阳系早期延续至今。细小的环也可能产生于流星体对卫星的碰撞，或卫星上冰火山的喷发。

组成环的微粒多种多样，既有大量硅酸盐或冰的尘埃，也有大块岩石，甚至数百米大小的小卫星。有的环包含叫作牧羊犬卫星的小卫星，运行于环带的外边缘或内边缘。这些卫星会以引力驱离或吞噬飘过的物质，维持环边界清晰。

近年来有证据表明，环绕着小行星、卫星和褐矮星的周围也可能存在环系。

卫　星

在围绕行星、矮行星和小行星（或其他小天体）的轨道上运行的天体称为卫星，又称天然卫星，以与人造卫星相区别。英文 satellite 在未加修饰语 natural 时常指人造卫星，与中文"卫星"的语义有所区别。太阳系的 8 颗行星中除水星和金星外的 6 颗都带有自己的卫星。4 颗矮行星冥王星、阋神星、鸟神星和妊神星也带有卫星。截至 2021 年 11 月，发现的小行星卫星超过 400 颗。

◆ **认识史**

人类最早认识的卫星就是围绕地球运行的月球。但在尊奉地心说的年代，月球的地位与其他行星相同，直到日心说确立，才明确成为地球的卫星。1609 年，伽利略发现了木星的四颗大卫星。从 1655 年到 1686 年，

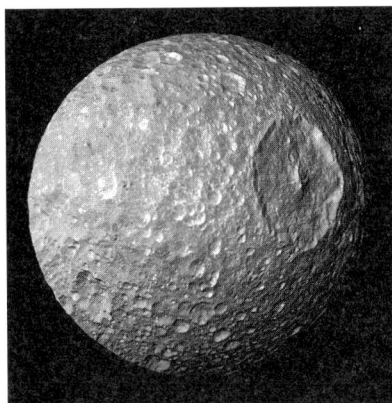

土卫一

C.惠更斯和 G.D.卡西尼又先后发现了土星的 5 颗卫星。随后的 200 多年里，不断有新的发现，1787 年发现了天卫四，1846 年发现了海卫一，1877 年发现了火星的 2 颗卫星，1978 年发现了冥卫一（喀戎）。从 1979 年旅行者 1 号探测木星开始，航天器成为发现新卫星的利器。1994 年，在分析伽利略航天器传回的图像时发现了小行星 243 Ida 的卫星。

◆ **运动**

按轨道运动特性，天然卫星常可归入两大类。一类是规则的，轨道接近圆形，倾角小，离主星较近且顺行；另一类与此相反，是不规则的，偏心率和倾角都较大，远离主星且逆行。前者据信与主星一同诞生于原行星盘同一区域的坍缩，后者据信是被捕获的小行星或碰撞产生的小行星碎片。大部分较大卫星都是常规的，而大部分较小卫星都是不规则的。月球和冥卫一是两个例外，它们可能产生于两个较大星子的碰撞。海卫一是另一种例外，轨道圆且靠近主星，卫星大而且逆行，据信是一颗被捕获的矮行星。

与月球一样，大部分规则卫星的自转周期与公转周期相等，总以同一面朝向主星，这是主星潮汐作用的结果，称为潮汐锁定。土卫七是一个例外，由于土卫六引力的影响，其自转是混沌的。巨行星的不规则卫星离主星很远，未被潮汐锁定。例如木卫六、土卫九、海卫二的自转周期都只有几十小时，而它们的公转周期却长达数百天。行星的潮汐作用还会瓦解天然卫星的卫星系统，这可能是至今没有发现这类天体的原因。

土卫三和土卫四两颗卫星还有各自的特洛伊卫星在轨道上的拉格朗日平衡点 L4 和 L5 伴随运行，就像木星 - 特洛伊群小行星伴随木星那样。

伴随土卫三的两颗卫星是土卫十三和土卫十四，一个领先60°"前导"，一个落后60°"护卫"；伴随土卫四的两颗卫星是土卫十二和土卫三十四。

◆ 形状和大小

尺度为424千米×390千米×396千米的海卫八是不规则形状天然卫星中最大的，尺度480千米×468千米×466千米的天卫五的形状已经相当规则了。其余比天卫五大的卫星都已经成为流体静力学平衡的圆椭球体。潮汐锁定的较大天然卫星呈卵形：极轴最短，赤道上指向主星方向的主轴最长，指向其他方向的轴较短。例如土卫一的主轴比极轴长9%，比其他方向的赤道轴长5%。对于月球那样的大天然卫星，主星相对较轻而卫星距离很远，潮汐效应对形状的影响变得微乎其微。

太阳系中最大的三颗卫星是半径2634千米的木卫三、2476千米的土卫六和2410千米的木卫四，1737千米的月球居于第五。至于卫星大小的下限，已经发现的有直径小到1千米的。太阳系卫星的质量与主星相比一般都很小，因而系统的质心都位于主星的表面之下。当这个值足够大时，系统的质心就会移到主星体外，例如冥王星和卫星冥卫一就是这种情形，有人据此认为它们是双矮行星系统。

水 星

水星是太阳系中最靠近太阳且大小和质量都最小的行星。水星没有天然卫星，表面遍布撞击环形山，地质活动已经停止，有极其稀薄的大气外逸层和微弱的全球磁场和磁层。

◆ 轨道

水星公转轨道的半长径为 0.387 天文单位（AU），偏心率为 0.206，对黄道面的倾角为 7°，是太阳系内倾角最大的行星，公转周期为 87.969 日。水星近日距为 0.308AU，远日距为 0.467AU。水星轨道在太阳轨道之内，只有在黎明或黄昏时才出现在天空中，离开太阳不会超过 28°。因为离太阳太近，从地面不易观测，但日全食时可以清楚看到。

1859 年，法国天文学家 U.-J.-J. 勒威耶发现了水星轨道围绕太阳的进动，并且不能用已知行星的摄动按牛顿力学圆满解释。他怀疑在水星轨道之内可能还有行星存在，从而对水星运动施加影响，就像海王星影响天王星一样。天文学家还把这颗待发现的行星称为祝融星（Vulcan），但始终没有找到。

水星近日点进动的速率相对于国际天球参考架为 574.1 角秒 / 世纪，相对于地球参考架为 5600 角秒 / 世纪，其中 5034 角秒 / 世纪是地球的岁差。牛顿力学只能解释其中的 531 角秒，还有 43 角秒原因不明。

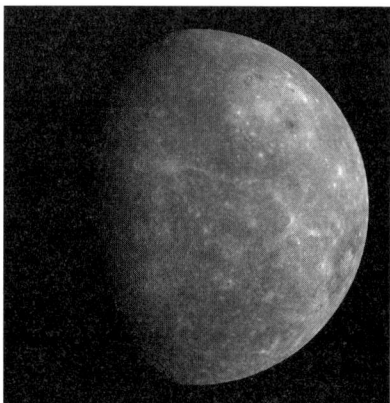

信使号于 2008 年拍摄的水星图像

1916 年爱因斯坦发表广义相对论，对牛顿力学做出修正，对水星近日点进动的修正量正好是 42.98 角秒 / 世纪。

当水星位于轨道升交点或降交点附近，恰巧又运行到太阳与地球之间，三者接近连成一条直线的时候，地面观测者会看到水星凌日的天象：水星呈黑点状自东向西地经过太阳圆面。水星凌日每 46 年发生 7 次，间隔分别为：3.5 年，13 年，7 年，9.5 年，3.5 年，9.5 年。

◆ **自转**

水星的自转周期（恒星日）为 58.646 日（地球日，下同），轴倾角只有 0.034°，是行星中最小的。水星自转有以下特点：①由于太阳强大引力的潮汐锁定，自转与公转速率接近 3 : 2 整数比，即大约每自转 3 周时公转 2 周。水星上的太阳日长达 176 日，换句话说，水星公转两周时，太阳只升落一次。②水星的公转角速度接近自转角速度，由于轨道偏心率较大，公转的角速度变化也较大。在一水星年的大部分时间，自转都比公转略快，太阳在天空中自东向西运行。③接近近日点时，公转加快，在过近日点前 4 日，公转角速度恰巧增大到与自转角速度相等，太阳停留在天空中不动。然后公转超过自转，太阳在天空中由西向东运行；过近日点后公转变慢，直到 4 日后重新与自转相等，太阳再次停留不动；而后自转超过公转，太阳恢复由东向西运行。④水星过近日点时，日下点在赤道上某处。在这里观测时，太阳在将近 0.1 水星日的时间里在天顶附近徘徊，接连三次通过天顶。加之这时日心距接近最小，太阳的持续照射使这里成为水星上最热的地点。半个水星日后，水星又一次过近日点，这时日下点是经度相差 180° 的另一点。因此在水星赤道上存在温度高达 700K 的两个热点。

1970 年，国际天文学联合会（IAU）大会通过决议，选取上述两个热点之一作为水星参考系的经度零点，该点位于婚卡环形山中心向东

20°处。这个规定称为经度规范。

◆ 物理特性

水星是一颗类地行星，赤道半径 2439.7 千米。成分为金属占70%，硅酸盐占 30%。密度为 5.427 克 / 厘米 ^{3}，比地球略小。金属核的半径为 1800 千米，可能是熔融的。硅酸盐幔的厚度为 500～700 千米。壳的厚度为 35 千米。

水星核的铁含量高于其他行星，普遍接受的解释是，水星在太阳系演化的早期遭到一颗质量约为其 1/6 的大星子的碰撞，把已经形成的幔和核的一大部分剥离了，类似于关于月球形成的大碰撞假设。

◆ 地貌

与月球类似，水星表面宽阔的平原（海）上散布着大量环形山，还有纹脊、山脉、高原、平原、峭壁和山谷多种地形。46 亿年前水星形成后的 12 亿年里，遭受过彗星和小行星的猛烈轰击，形成了众多大环形山。此期间，火山活动也很活跃，那些盆地填满了岩浆，形成类似月海的平原。壳凝固后幔和核冷却收缩，造成了许多交叉绵延数百千米的收缩皱褶。

环形山多种多样，有小到碗状的洞穴，也有大到直径数百千米的多环碰撞盆地；有最新的带射线环形山，也有严重退化的环

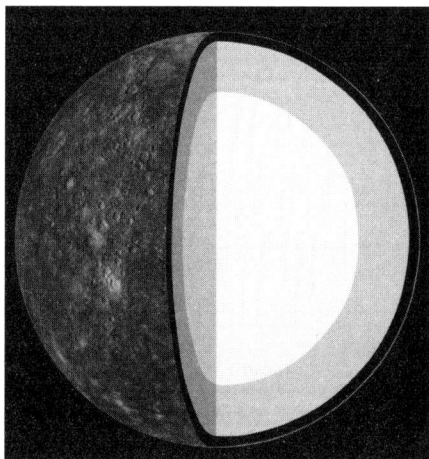

水星内部结构

形山遗迹。信使号发现的一个叫作"蜘蛛"、后来命名为阿波罗多罗斯（Apollodorus）的环形山带有辐射槽线。古老的平原分布在环形山之间，上面还有很多早期环形山的残留。与月球环形山不同的是，水星环形山抛射物覆盖的区域较小，这是重力较强所致。水星上已经分辨出来 15 个碰撞盆地，最大的是直径 1500 千米的卡洛里斯盆地（Caloris Basin）。盆地四周环山，有许多谷、嵴向外伸展，底部也散布着众多裂纹。形成这个盆地的碰撞非常猛烈，抛射岩浆造成了高达 2 千米的同心圆环；传到对面的地震波引起壳层的应力断裂，造成了对跖点处的大范围丘陵，山头直径 5 ～ 10 千米，高度 100 ～ 1800 米不等。

◆ **环境和大气**

水星表面温度变化于 100 ～ 700K，最高温度出现在经度零点和对面 180°的地方，过近日点时达 700K，过远日点时只有 550K。两极的温度不超过 180K。夜晚平均温度为 110K。太阳辐射强度变化范围为 4.59 ～ 10.61 太阳常数（1370W·m^{-2}）。与月球类似，水星两极处环形山的底部从来见不到阳光，温度不会高于 102K，雷达观测在那里探测到可能来自水冰的较强信号，信使号也发现了大量水冰存在的证据。

又热又小的水星无法维持大气，其表面只有一个由氢、氦、氧、钠、钙、钾等成分组成的外逸层，气压只有帕。层里的原子不断逃逸又不断补充，达到平衡。氢原子和部分氦原子来自太阳风，其他原子来自壳层物质的放射性蜕变。层中还存在水蒸气，可能的来源是彗星撞击、太阳风中氢离子与岩石中氧原子的反应以及永夜环形山中储藏的水冰。

◆ 磁场和磁层

水星磁场是稳定而全球性的，强度约为地磁场的 1.1%，磁轴几乎与自转轴重合。与地球磁场一样，水星磁场也生成于富铁液核流动导致的发电机效应，高轨道偏心率引起的强潮汐效应有助于核保持液态。水星磁场虽弱，已经可以使太阳风偏折围绕行星而形成磁层，并能够捕获太阳风等离子体。探测器在水星磁层中探测到了低能等离子体。

◆ 空间探测

由于离太阳太近，太阳强大的引力和辐射对水星的空间探测造成了很大的困难。美国国家航空航天局先后发射过两个水星探测器，进行了卓有成效的探测。这两次探测的成果构成了我们对水星的大部分认识。水手 10 号借助金星引力的弹弓效应，于 1974 年 3 月 29 日在绕日轨道上首次对水星进行了飞越探测。此后又两度飞越并探测水星，直到 1975 年 3 月 24 日燃料耗尽而结束任务。37 年后，信使号在三次飞越水星后，于 2011 年 3 月 18 日进入环绕水星的轨道，进行了长达一个地球年的仔细探测，取得了丰硕的成果。

金 星

金星是太阳系中第二靠近太阳的行星，地球夜空中亮度仅次于月球的天体。从地球上看，它是最亮的行星。"Venus"是希腊神话中的"爱情之神"，中国古代以"启明"和"长庚"分别称黎明前东方的晨星和黄昏后西方的昏星，西汉之后始称"金星"，民间俗称"太白"。最亮

时的可达 −4.7 视星等, 它的亮度是天上最亮的天狼星（大犬 α）的 19 倍, 最暗时的亮度仍是天狼星的 8 倍。金星是除太阳、月球和某些罕见的偶现天体外星空中最亮的星。

金星没有天然卫星, 大小、质量和成分都接近地球, 常被称为地球的姊妹星。金星自东向西自转, 且周期是行星中最长的。金星被浓密的二氧化碳大气包裹着, 温室效应使地面温度超过水星, 成为行星中最热的一颗。

水手 10 号行星际探测器拍摄的金星全景

◆ 轨道

金星公转轨道的半长径为 0.723 天文单位（AU）, 偏心率为 0.007, 对黄道面的倾角为 3.395°, 公转周期为 224.701 日。金星近日距为 0.718AU, 远日距为 0.728AU。金星轨道在太阳轨道之内, 只有在黎明或黄昏时才出现在天空中, 离开太阳不会超过 47.8°。

金星虽然没有卫星, 但有几颗特洛伊型小行星在其轨道的拉格朗日点伴行。

◆ 自转

金星的自转方向与多数行星不同, 是顺时针（逆行）的, 轴倾角为 177.36°, 大于 90°。自转周期即金星的恒星日为 243 地球日, 比公转周期即金星年还要长, 在行星中是最长的。由于逆行自转, 金星太阳日为 116.75 地球日，比恒星日短。一金星年约等于 1.92 太阳日，太阳西升东落近两次。

金星从太阳星云中形成时，其自转状态与现今完全不同。在几十亿年演化过程中，受到行星摄动，浓密大气还受到太阳和其他行星的潮汐作用，这两种作用引起了自转的混沌改变，才形成今天这样的状态。金星很长的自转周期，也是太阳引力的潮汐锁定和太阳加热大气引起的潮汐之间平衡的结果。

有研究者认为数十亿年前，金星至少有一颗碰撞事件生成的卫星，大约 1000 万年后，又一次碰撞改变了金星的自转方向，并且使卫星沿螺旋轨道落向金星，最终与之相撞。

◆ **物理特性**

金星是一颗类地行星，形状接近正球体；平均半径 6051.8 千米，比地球略小；质量为地球的 81.5%，平均密度为 5.243 克 / 厘米 ^{3}，略小于地球和水星。由于缺乏地震和惯性矩数据，我们对金星的内部结构和化学成分知之甚少。只能根据与地球的相似推测它也具有核幔和壳的结构，核至少有部分是液态的。金星与地球的最大区别是金星壳层缺乏板块构造，其原因可能是缺乏水分使岩石变得坚硬。

金星磁场远比地球为弱，起不了防护宇宙射线和保护大气层的作用。金星磁场产生于电离层与太阳风的交互作用，而不是像地球那样产生于地核的发电机效应。发电机效应的存在依赖于三个条件：存在导电液体、旋转和流动。金星核导电不成问题，自转虽然慢，仍能达到发电机效应的要求。发电机效应的缺失只能是由于流动性不足。在地球，流动性存在于地核的液体外层，因为液体层底部远比顶部为热。在金星，全球重构事件使板块活动终止，壳层热流减少，导致幔的温度增加，从核流出的热流减少，以致没有足够的流动性驱动发电机效应。

金星外层大气中的中性分子受紫外辐射离解生成氢和氧离子。由于缺乏较强磁层保护，这些离子被长驱直入的太阳风加速而从重力场中逃离。这导致较轻的氢、氦和氧离子的长期流失，而把较重的二氧化碳分子留在大气里。这种太阳风导致的大气流失可能使金星在形成后的十亿年里失去了全部水分，同时使氘和氢的比例增高到太阳系平均值的 100 倍。

◆ 地貌

金星表面由 27% 的低洼平原，65% 的丘陵山地和 8% 的高原组成。60% 的地区高程差不到 500 米，在类地行星中是最为平坦的。以平均半径为大地水准面，最低点在戴安娜峡谷，高程为 -2 千米；最高点在麦克斯韦山，高程为 11 千米。金星表面为点缀着板状岩石的干燥荒漠，周期地为火山活动刷新。

金星南北各有一块"大陆"台地。位于南半球的是较大的阿芙洛狄忒（希腊爱神）台地，大小与南美洲相当，网状断裂地貌覆盖其上。位于北半球的是较小的伊师塔（巴比伦爱神）台地，大小与澳大利亚相当。高大的麦克斯韦山脉蜿蜒其上，包围着拉克希米高原。长达 1200 千米的大峡谷穿越赤道，纵贯南北。缺少水分造成的坚硬岩石使金星上的山脉和峭壁更加险峻。

壳层表面覆盖着年轻的玄武岩，上面有为数不多的撞击陨坑。早期形成时留下的大环形山口和褶脊平原等构造地貌，已被晚近的火山活动抹去。金星上有几个火山群，火山活动仍然活跃，存在新近喷发的迹象。火山周围有众多大规模的同心圆或辐射状线状断裂构造，其他地区也有。

尽管有浓密大气减速，金星上仍然有数量众多、规模颇大的撞击陨坑，且成串分布，可能是撞击天体在大气中先行碎裂所致。

金星地面经度起算零点所在的本初子午线规定穿过阿丽雅德涅环形山的中心峰。

◆ 大气

金星大气由 96.5% 二氧化碳、3.5% 氮和痕量二氧化硫及其他元素组成，是四颗类地行星中最为密集的，地面气压是地球气压的 92 倍。金星大气分层为对流层、中间层和电离层。

数十亿年前金星的大气与地球类似，并且还有水的海洋。但经过约 6 亿年后，水的蒸发导致温室效应失控。蒸发水分子被光分解，生成的自由氢和氧被太阳风吹到行星际空间，大气中的温室气体增加达到临界水平。强烈的温室效应使金星表面的平均温度高达 735K，超过水星成为行星中最热的。

尽管金星的自转很慢但热惯性和底层大气的流动使金星表面没有明显的昼夜温差。地面风速不大，只有每小时几千米，但由于密度很高，风力仍然惊人，足可飞沙走石。

地面以上 50 千米处，有一层厚 15 ~ 20 千米的硫酸液滴云层，可能还杂有硫、氯化铁和水微粒。云层反射和散射掉入射光线的 90%，使可见光观测难以到达金星表面。云层顶部风速高达 300 千米 / 时，是金星自转线速度的 60 倍，4 ～ 5 个地球日就吹遍全球。比较之下，地球上最大的风速也只有自转速度的 10% ～ 20%。

金星表面的温度相当均匀，不仅昼夜温差，而且季节温差，极地和赤道温差都很小。值得一提的只有高度引起的温差。温度约为 655K 的麦克斯韦尔山的最高峰因而成为金星上最冷的地方。

金星云层可以产生闪电。自从 1978 年 12 月苏联的金星 12 号探测器首次发现金星闪电以来，这个问题一直在争论中。2006 ～ 2007 年，欧洲空间局的金星快车清楚地探测到了闪电特征的哨声模式波，其间歇出现表明了与天气活动的关联。根据测量金星闪电发生的频率至少是地球的一半。

2007 年，金星快车还在南极上空发现了巨大的双涡漩；2011 年，又在金星大气中发现了臭氧层；2013 年，报告说在金星电离层中发现了类似离子彗尾的离子外流。

◆ 金星凌日

金星绕日运行中从太阳与地球之间经过时，金星与太阳的黄经相等，地面上看到的天象叫作下合。由于金星轨道对黄道面有大约 3° 的倾角，这时金星通常不在日地连线上，淹没在太阳强光中而观测不到。但若金星恰在这时经过轨道升交点或降交点或其附近，日金地三个天体就会接近出现在一条直线上。从地面观测时，就会看到金星呈黑点状自东向西从日面经过，时间可持续几个小时。这种天象叫作金星凌日。

由于金星和地球公转运动的复杂性，金星凌日的发生呈现出复杂的周期性：243 年发生 4 次，各次之间的时间间隔为 8 年、121.5 年和 8 年，然后是 105.5 年的等待期，结束后进入下一周期。上一次金星凌日发生的时间是 2012 年 6 月 6 日，下一次则是 105.5 年后的 2117 年 12 月 21 日。金星凌日时可以在地面上进行基线长度已知的视差（三角）测量，从而精确测定金星距离，进而确定以地面距离单位（例如米或千米）表示的天文单位的数值。

◆ 空间探测

金星是离开地球最近的邻居，最近距离只有 4.023 千万千米。金星因此成为早期行星际探测的主要目标。苏联在 1961 年开始实施金星探测计划，当年 2 月 12 日发射的金星 1 号在距金星 96000 千米处飞过。尽管因通信故障未取得具体成果，仍然是对金星，也是对太阳系行星的第一次空间探测。此后 26 年里，苏联总共发射了 16 个探测器，有的进入金星轨道成为金星的卫星，有的在金星表面着陆，甚至在地面进行了钻探和取样，对金星大气、地形、地质、磁场等进行了全面的探测。

美国在 1962 年 8 月 27 日发射水手 2 号在距金星 3500 千米处飞过，第一次成功拍摄了金星照片，测量了金星大气的温度。1967 年的水手 5 号和 1973 年的水手 10 号先后飞临金星，传回 4000 多幅金星照片。1978 年的先驱者 12 号进入金星轨道，测绘了金星表面 93% 的地形，同年发射的先驱者 13 号进行了飞越探测。1994 年的麦哲伦号测绘了分辨率 100 米的金星地图。

欧空局 2005 年发射的金星快车对金星大气进行了长达 9 年的多方面观测，时间和成果都超出预期。

日本 2010 年发射的拂晓号未能按计划进入环绕金星的轨道。在环绕太阳的轨道上运行 5 年后，于 2015 年 12 月借助船载推进器点火进入环绕金星的大椭圆轨道，对金星大气进行探测。

金星还是行星际空间探测的天然加力站。许多探测器借助金星的弹弓效应访问多个天体，同时对金星进行探测。其中有：法国和俄罗斯于 1984 年合作探测哈雷彗星的维加 1 号和维加 2 号；欧空局于 1998 年探测土星的卡西尼－惠更斯号；美国于 1990 年探测木星的伽利略号，以及于 2006 年探测水星的信使号。

地　球

地球是太阳系八个行星之一，按离太阳由近及远的次序为第三颗。是人类所在的行星。它有一个天然卫星——月球，二者组成一个天体系统——地月系统。地球大约有 46 亿年的历史。不管是地球的整体，还是它的大气、海洋、地壳或内部，从形成以来就始终处于不断变化和运动之中。在一系列的演化阶段，它保持着一种动力学平衡状态。

◆ **自转和公转**

1543 年，N. 哥白尼在《天体运行论》一书中首先完整地提出了地球自转和公转的概念。此后，大量的观测和实验都证明了地球自西向东自转，同时围绕太阳公转。1851 年，法国物理学家 J.B.L. 傅

阿波罗 17 号飞船在宇宙空间拍摄的地球照片

科在巴黎成功地进行了一次著名的实验（傅科摆试验），证明地球的自转。地球自转周期约为 23 时 56 分 4 秒平太阳时（1 恒星日）。地球公转的轨道是椭圆的，公转轨道的长半径为 149597870 千米（1 天文单位），轨道偏心率为 0.0167，公转周期为 1 恒星年（365.25 个平太阳日），公转平均速度为每秒 29.79 千米，黄道与赤道交角（黄赤交角）为 23°27′。地球自转和公转运动的结合产生了地球上的昼夜交替、四季变化和五带（热带、南北温带和南北寒带）的区分。地球自转的速度是不均匀的，有长期变化、季节性变化和不规则变化。同时，由于日、月、行星的引力作用以及大气、海洋和地球内部物质的各种作用，使地球自转轴在空间和地球本体内的方向都产生变化，即岁差和章动、极移和黄赤交角变化。

◆ 形状和大小

希腊哲人亚里士多德（前 384 ～前 322）根据月食时月球上地影是一个圆，首次科学地论证地球应是圆球形状。另一位希腊地理学家埃拉托色尼（约公元前 276 ～约公元前 194）成功地用三角测量法测定了阿斯旺和亚历山大城之间的子午线长度。中国唐代南宫说于 724 年在今河南省选定同一条子午线上的 13 个地点进行大地测量，经天文学家一行归算，求出子午线 1° 的长度。现在，根据大地测量、重力测量、地球动力测量和空间测量的综合研究，在国际天文学联合会公布的天文常数系统中，地球赤道半径为 6378 千米，扁率为 1/298。地球不是正球体而是三轴椭球体，赤道半径比极半径约长 21 千米。地球内部物质分布的不均匀性，致使地球表面形状也不均匀。地球质量（包括大气圈等）为 5.976×10^{24} 千克，地球体积为 1.083×10^{21} 立方米，平均密度为 5.52 克 / 厘米 ^{3}。

◆ **海陆分布与演变**

地球表面的形态是复杂的，有绵亘的高山，有广袤的海盆以及各种尺度的构造。大陆上的最高处是珠穆朗玛峰，海拔达 8848.86 米，最低点为死海，湖面比海平面低 430.5 米；海底最深处马里亚纳海沟，深度达到 11034 米。地球的总表面积为 5.100×10^8 平方千米，其中大陆面积约为 1.48×10^8 平方千米，约占地表总面积的 29%。地球是太阳系中唯一在表面和深部存在液态水的星体。海洋面积约为 3.62×10^8 平方千米，约占 71%。海面之下，大陆有一个陡峭的边缘。以平均海平面为标准，地球表面上的高度统计有两组数值分布最为广泛：一组在海拔 0 ~ 1000 米，占地球总面积的 21% 以上；另一组则在海平面以下 4000 ~ 5000 米，占 22% 以上。在地球表面水的总量约为 1.4×10^9 立方千米，其中淡水为 3.5×10^7 立方千米，只占总水量的 2.5%。

洋底岩石年龄小于 2 亿年，比陆地年轻得多，陆地上到处可以找到沉积岩，说明在地质时期这些地方可能是海洋。1912 年，A.L. 魏格纳提出大陆漂移说，认为海洋和大陆的相对位置在地质时期是变化的。20 世纪 60 年代初，H.H. 赫斯和 R.S. 迪茨提出海底扩张说，认为全球洋盆演化是洋底扩张的结果。此后板块构造说进一步解释了地球的运动。板块分裂造成大洋的形成，整个洋底在 2 亿年左右更新一次；板块挤压运动形成巨大的山系，如阿尔卑斯山、喜马拉雅山等。

◆ **结构和组成**

地球是有生命的行星，它由不同物质和不同物质状态组成的圈层构成，即由固体地球、表面水圈、大气圈和生物圈所组成。随着科学的发展，它们分别成为固体地球物理学、地质学、海洋科学、大气科学和生物学主要研究的对象。

地球内部结构

根据地震波速度观测的结果，发现地球内部存在全球范围的速度间断面（如莫霍界面、古登堡界面和莱曼界面等）。用这些间断面可将地球分成不同的圈层。20 世纪 80 年代，地震层析成像的研究发现地球内部结构有很大的横向非均匀性，但总体上是径向分层的。主要分成地壳、地幔和地核三个圈层。

①地壳。固体地球的最上层部分，其底部界面是莫霍面。大陆地壳和海洋地壳有明显的不同，而不同地区大陆地壳厚度相差也很大，从 20 多千米到 70 多千米；海洋地壳仅几千米。地壳还可进一步分成不同的层，横向变化也很大。

②地幔。地壳下由莫霍面到古登堡面之间的部分。地幔可以进一步分为许多层。已确定的全球性间断面有 410 千米间断面，是由橄榄石到 β 尖晶石的相变形成；660 千米间断面，是由尖晶石到钙钛矿和镁方铁矿相变形成，660 千米间断面是上、下地幔的分界面。

③地核。地心到古登堡界面之间的部分，又可分为外核和内核两部分，它们之间的分界面为莱曼界面，深度在 5149.5 千米。地核主要由铁、镍及少量的硅、硫组成。外核为液态，内核为固态。

地球内部物质组成

地震波的速度和物质密度分布提供了研究地球内部物质组成的约束条件。地核有约 90% 是由铁镍合金组成，但还含有 10% ～ 20% 的较轻物质，可能是硫或氧（但也有人认为地核含有 21% 的硅，11% 的硫，7% 的氧）。上地幔的主要矿物是橄榄石、辉石和石榴子石。在 410 千米的深处，橄榄石相变为尖晶石的结构，而辉石则相变为石榴子石。在 520 千米的深度，β 尖晶石变为 γ 尖晶石，辉石分解为尖晶石和超石英。在 660 千米深度下，这些矿物都分解为钙钛矿和氧化物结构。在下地幔，矿物组成没有明显的变化，但在地幔最下的 200 千米中，物质密度有显著增加。这个区域是否有铁元素的富集还是一个有争议的问题。地壳中的岩石矿物是由地幔物质分异而成的。

地球总体成分

可通过两种途径求得。一种是根据地球各圈层的密度、质量分配以及对地幔成分和地核成分的基本假设进行近似的估算。另一种是基于地球起源学说以及对陨石比较研究的结果，选择特定类型陨石的成分作为建立地球总体模型的基础。由于大气、海洋只占地球总质量的 0.03%，地壳只占不到总质量的 1%，所以地球的总体成分基本上决定于地幔和地核。1982 年，R.G. 梅森假设地核的铁镍合金具有球粒陨石金属相的平均铁、镍成分，地核金属相占地球总质量的 27.10%；据球粒陨石金属相中还含有一定成分的陨硫铁，计算出地核中含 FeS 总量为地球总质量的 5.3%。而地幔加地壳的成分与球粒陨石硅酸盐相的平均化学含量相同（硅酸盐加少量的磷酸盐和氧化物），其质量为地球总质量的 67.60%。地球质量的 90% 是由 Fe、O、Si 和 Mg 四种元素组成。含量超过 1% 的其他元素为 Ni、Ca、Al 和 S。另外 7 种元素 Na、K、Cr、Co、P、Mn 和 Ti 的含量介于 0.1% ～ 1%。由此可知地球物质组成的某些特点。首先，由于元素与氧的不同亲和力（根据氧化物的生成自由能），MgO、SiO_2、Al_2O_3、Na_2O 和 CaO 先于 FeO 而形成，在氧不足的条件下，绝大部分的铁和镍将呈金属状态存在。各种氧化物将结合成为硅酸盐，例如 MgO 和 SiO_2 结合成 $MgSiO_3$（辉石），或者形成 Mg_2SiO_4（橄榄石）。当达到一定的重力平衡状态，绝大部分致密物质向地心集中，并发生分层作用，形成致密的金属核和密度较小的硅酸盐地幔。丰度低的元素受到各种地球化学作用制约而在地球各圈层之间进行分配，如铂、金等倾向于同金属铁结合集中到地核，而亲氧元素铀等则同较轻的硅酸盐组合而集中在地球上部。其次，可以合理地设想，地球曾经被加热达到全部或部分熔融的状态，低熔点的挥发性组分（H_2O、CO_2、N_2、Ar 等）逸出，形成大气圈。地幔中富含 SiO_2、Al_2O_3、Na_2O 和 K_2O 等易熔和较轻的物质上升到表层如地壳。因此，早期的地球分离为地核、地幔、地壳、海洋和大气等层圈构造。已有的证据表明，约在 40 亿年以前，地球就已经接近于现在的层状结构状况。

水圈

地球表层水体的总称。地表的自由水有 97.3% 形成海洋，另有 2.1% 以冰的状态固结在两极。其余部分则以河流、湖泊及地下水的形式存在。大量液态水的存在是地球的一大特点。海水平均含溶解的盐类约占海水总质量的 0.35%，主要为氯化钠，具弱碱性。雨水及河水中的溶解物不多，大部分为碳酸氢钙（$CaHCO_3$），而略呈酸性。雨水可由工业废气中获得二氧化硫（SO_2），成为酸雨。河水每年平均可由其流域中每平方千米带走 100 吨的物质，其中约 20% 在溶液中。水圈与地壳的上部有较大程度的重叠。地下水可以环流到地壳内数千米的深度，受热并与岩石发生反应再回到地面。陆地上火山活动地区常有热泉及其他地热现象。在洋脊也有相似的热水活动，在喷出含有金属硫化物的黑烟囱处，温度可达 300℃，且有生物群生存在这种环境中。

大气圈

地球外部的气体包裹层。它与水圈相互作用。太阳的热能使海水蒸发，凝结成云，形成降水。陆地上的降水，形成径流，由地面或地下返回海洋。由地面至约 15 千米高度的大气层为对流层，其上至 50 千米高度的大气层为平流层。由平流层顶面向上至 80 千米～ 85 千米为中间层。更向上到 500 千米左右高度为热层。500 千米高度以上为外逸层。

大气圈的温度随高度而变化，对流层内温度随高度而降低。向上在 20 千米～ 50 千米温度又有所增高。在中间层内温度又随高度的增加而降低，最低可达 100℃。在热层内温度又随高度的增加而增加。外逸层是等温的。

大气圈主要成分为氮、氧、氩、二氧化碳、水蒸气等。底部 100 千米范围内成分稳定。大气密度在地面大约为 1.2 千克 / 米^3，在 100 千米高度降为 10^{-6} 千克 / 米^3。在距地表 10 千米～ 50 千米间为臭氧层，此层中臭氧虽属次要成分，但可以吸收来自太阳的大部分紫外线辐射。

根据大气电离特性，大气圈可分成中性层、电离层和磁层。地表至 60 千米左右为中性层，由中性气体组成，一般情况下带电离子少。在大气圈中 60 千米～ 500 千米（或 1000 千米）高度范围内为电离层。其中由于电离作用而使部分原子和分子带电，形成离子与自由电子共存的状态。电离层的电子浓度大致由平流层开始，到中间层随着高度的增加而增大，在热层达到最大值，再向外即与外逸层重叠。电离层之外为磁层，即地球磁场影响的最外部分，离地面高度 1000 千米至数千千米。磁层中离子化最完全，致使形成等离子体，并受地球磁场的影响。在 3000 千米及 1500 千米高度上被地磁场捕获的带电粒子具有特高的强度，形成范艾伦辐射带（即地球辐射带），它连同磁层的其他特点是人造卫星用于太空探测以来的新发现。

生物圈

地球上有生命存在的特殊圈层。它包括大气圈的下部，岩石圈的上部和整个水圈。生物圈的成分、结构、动力学和空间分布的最重要特征是由活的有机体的活动决定的。这里有大量液态水，有来自太阳的充足的能量，有介于物质的液态、固态、气态之间的界面。在这里，生物之间、生物与环境之间相互作用，进行着物质、能量和信息交换，地球物质进行着生物地球化学循环，从而形成生物圈物质运动的不断发展过程。

◆ **地球重力场**

地球重力作用的空间。作用在地球表面上的重力是地球质量产生的引力和地球自转产生的惯性离心力共同作用的结果。离心力对重力的影响随纬度的不同而呈有规则的变化，在赤道上最强。同时，由于地球不同部位的密度分布不均，也会引起重力的变化和异常。因此，重力异常可以提供地球不同部分密度变化的信息。

◆ **地球磁场和磁层**

地球具有磁性，它周围的磁场犹如一个位于地心的磁棒（磁偶极子）

所产生的磁场。这个从地心至磁层边界的空间范围内的磁场称为地磁场。地磁场是非常弱的磁场，其强度在地面两极附近最强，还不到 10^{-4} 特〔斯拉〕；赤道附近最弱。通常将地磁场看成是一偶极磁场，连接南北两极的轴线称为磁轴，磁轴与地轴的交角大约 11°。磁轴与地面的交点称为地磁极，磁极的位置具有长期变化，根据全球地磁场参考模型 IGRF-13，2020 年北磁极坐标在北纬 86.494°、东经 162.876° 附近，南磁极坐标在南纬 64.081°、东经 135.866°。

实际上地磁场的形态是很复杂的，它有显著的时间变化。变化可以分为长期的和短期的。地磁场长期变化来源于地球内部的物质运动；短期变化来源于电离层的潮汐运动和太阳活动的变化。电离层中的电流体系可引起地磁场的日变化，极区高层大气受带电粒子的冲击而产生极光和磁暴。太阳和地球中间有称为太阳风的等离子体。地球磁场在向太阳的一面受太阳风的作用而压缩，在背太阳的一面则被拉伸，从而使地球磁场在地球周围被局限在一个狭长的称为磁层的区域内。由此可见，磁层是在地球周围被太阳风包围，并受地磁场控制的区域。磁层的外边界则称为磁层顶边界层。磁场的强度和方向不仅因地而异，也因时间不同而有变化。在地质历史时期磁极曾多次倒转。地磁场主要起源于地球内部，来自空间的成分不足总量的 1%。地球磁场的起源和它在地史期间的变化，与地核的结构和物质的相对运动所产生的电流有关。

地球磁场的存在使地球免受太阳风的直接影响，磁层的存在对大气的成分和地面气候起重大的作用，并因此而影响到地球上生命的发展。

◆ 地球内部温度和能源

地面从太阳接收的辐射能量每年约有 10^{25} 焦，但绝大部分又向空间辐射回去，只有极小一部分影响地下很浅的地方。浅层的地下温度梯度约为深度每增加 30 米，温度升高 1℃，但各地的差别很大。由温度梯度和岩石的热导率可以计算热流。由地面流出的总热量为 4.20×10^{13} 瓦［特］。

地球内部的一部分能源来自岩石所含的铀、钍、钾等元素的放射性同位素。估计地球现在由长寿命的放射性元素所释放的热量约为 3.14×10^{13} 瓦，少于地面热流的损失。放射性生热少于地球的热损失可能有使地球逐渐变冷的趋势。

另一种能源是地球形成时的引力势能。假定地球是由太阳系中的弥漫物质积聚而成的，这部分能量估计有 2.5×10^{32} 焦，但在积聚过程中有一大部分能量消失在地球以外的空间，有约 1×10^{32} 焦的一小部分能量，由于地球的绝热压缩而积蓄为地球物质的弹性能。假设地球形成时最初是相当均匀的，以后才演变成为现在的层状结构，这样就会释放出一部分引力势能，估计约为 2×10^{30} 焦，这将导致地球的加温。地球是越转越慢的，地球自形成以来，旋转能的消失估计大约有 1.5×10^{31} 焦，还有火山喷发和地震释放的能量，但其数量级都要小得多。

地面附近的温度梯度不能外推到几十千米深度以下。地球内部自有热源，所以地下越深则越热。地下深处的传热机制是极其复杂的。在岩石层，传热的主要机制是热传导；而在地幔及外核，主要的传热机制是热对流，当然，这其中还包含其他的传热机制。根据其他地球物理现象的考虑，地球内部某些特定深度的温度是可以估计的：在 100 千米的深度，温度接近该处岩石的熔点，为 1100～1200℃；在 410 千米和 660 千米的深度，岩石发生相变，温度各约在 1400℃ 和 1700℃；在核幔边界，温度在铁的熔点之上，但在地幔物质的熔点之下，约为 3400℃；在外核与内核边界，温度约为 4600℃，地球中心的温度约为 4800℃。

有了这些特定深度的温度估计，就可以根据主要的传热机制推论球对称地球模型下的温度分布。地球内部温度的分布对研究地球的演化和运动是极其重要的，是迫切需要解决的问题。

◆ 地球年龄

根据用多种同位素年代学方法测定陨石、月球和地球古老岩石的结果发现，太阳系各天体形成的年龄比较接近，形成先后的时间间隔约为 1 亿年，因此各种宇宙年代学测定的天体物质的年龄结果可以互相对比，并提高其可靠性。测得太阳系元素的合成年龄为 62 亿～77 亿年，太阳星云凝聚成各行星，包括地球的年龄为 45.4 亿～46 亿年。应用同位素地球化学测年方法还给出了地球演化历史中各地质时期的精确的时间坐标。

◆ 地球上生命起源和发展

地球是太阳系中唯一存在生命和人类活动的行星。地球上原始生物蓝藻、绿藻遗迹在年龄为 35 亿年的岩石中即有所发现。虽然地球上生命起源的问题并没有解决，但是大概可以追溯到 40 亿年前。地球早期的大气成分主要由水、二氧化碳、一氧化碳和氮气，以及由火山喷发出其他气体组成，在此情况下，生命必须由无氧的环境中开始，而氧进入大气则被认为是由于生物活动的结果。最初，氧在大气中的含量只能徐缓地增加，估计在距今 20 亿年时含量约为现在的 1%。当大气中的氧增加到能够出现具有保护性臭氧层以后，生物才能在比较浅的水中生活。具有光合作用的生物的繁殖，又促进可以呼吸氧的动物的发展。多细胞生物的最初痕迹见于年龄约为 10 亿年的岩石中。在距今约 7 亿年时，复杂的动物，如水母、蠕虫以及原始的介壳类动物已经出现。到距今约 5.7 亿年，即前寒武纪和寒武纪之交，具有硬壳的动物大量出现，而使大量化石得以在岩石中保存。在此时期，海洋生物有突然的发展。鱼类出现在奥陶纪；志留纪晚期，陆地上已有植被覆盖。石炭纪海中出现两栖类。爬虫类和最初的哺乳类出现在三叠纪，但到新生代开始哺乳类才大量繁殖和扩散。生物的发展虽然表现有平稳的演化进程，但化石的记录也显示了在整个显生宙时期有周期性的大量植物和动物种属大致在同一时期消失的现象。这种灾变的原因久经探讨，有些学者认为可能是由于陨石或小行星的撞击引起的。但是，也有学者指出并不是所有的生物都在同一时期受到影响。这个问题尚待进一步的研究。

◆ **空间探测地球**

1947 年一个小型 V-2 火箭在 160 千米的高空取得第一幅自空间俯视地球的照片，成为地球空间探测的开端。1957 年人造地球卫星上天后，从空间观测地球逐步成为地球科学的常规手段。地球约从 46 亿年前诞生以来，气候和环境一直在持续地变化，太阳演变、火山活动、地壳运动、天体陨击、大气和海洋形成和变化、生命出现等致使地球成为一个活跃的和动态的行星，空间探测有助于认识、了解和预测地球演化的走向和前景。

极　光

极光是来自地球磁层或太阳的高能带电粒子注入极区高层大气时，撞击原子和分子而激发的绚丽多彩的发光现象。极光通常出现在高磁纬地区，在背阳侧主要在 100～150 千米的高空，在向阳侧主要在 200～450 千米高度范围内。在地磁活动时期，特别是大的地磁活动时，极光极为壮观。背阳面发生的极光与磁层亚暴密切有关，是亚暴的主要现象之一。在磁暴期间，极光可以延伸到纬度较低的地区。在北半球，人们总是从北边天空看到极光，称为北极光。南半球看到的极光称为南极光。

◆ **形态**

极光景色壮观，绚丽多姿。如果从地面上观察，极光可分为 4 种几何形状：①均匀的较稳定的光弧光带，它们沿磁纬方向分布，极盖区近似沿太阳方向，厚度几千米至几十千米，长达 1000 千米，移动速度慢，氧原子绿线强度约几万瑞利。②带有射线式结构的光帘幕、光弧、光柱和光带等，日冕状光块也属于这类。它们沿磁力线方向分布，平均厚度约 200 米，并随亮度增加而变薄，长

芬兰上空的北极光

数十至数百千米,移动速度快(50 千米 / 秒),氧绿线强度在 100 万瑞利以内。③弥漫状极光,主要指云形斑块群,沿磁纬方向分布,每块光斑面积在 100 平方千米左右,亮度最低,氧原子绿线强度约几十瑞利,只有很强的弥漫状极光,才能被肉眼看见。④大的均匀发光面,常见的红色极光光面就属于这一类。如果从卫星上拍照,通常只能分辨出两种极光:结构清楚的极光和弥漫状极光。前者主要是射线式结构的光弧、光带、光柱和帘幕,它们比较明亮;后者指云形斑块和弱的光弧、光带。

◆ 分类

极光按观测的电磁波波段分为光学极光和无线电极光。在光学极光中,主要为可见极光和 X 射线极光。可见极光有三种基本类型:①红色极光(A 型极光)。多弥漫状光弧光面,主要是能量小于 1000 电子伏的电子激发的,一般分布在 200 ~ 400 千米高空,个别可伸向 1000 千米高度。②白绿色极光(普通型极光)。多数情况下呈现白绿色或浅黄绿色。它没有固定的几何形状,但多为射线式结构,是由能量为 1000 ~ 10000 电子伏的电子激发的,分布高度下缘在 100 千米左右,上限为 140 ~ 180 千米。③下缘为红色的极光(B 型极光)。多射线式结构,为能量大于 1 万 ~ 3 万电子伏的电子激发的,分布高度下缘在 90 ~ 110 千米,但个别低至 65 千米。高能电子在突然受到较稠密的大气成分阻滞时可产生 X 射线,称 X 射线极光,它是电子的韧致辐射,可以穿透到很低的高度(30 ~ 40 千米)。

极光按激发粒子类型分为电子极光和质子极光。电子注入地球高层大气时激发的极光称为电子极光。电子与氮分子、氧分子、氧原子等相撞时，导致后者电离、激发和离解，产生暗红色极光。高能质子注入地球高层大气时，质子被减速，变成激发态的氢原子，然后发射在紫外波段或红外波段，这种极光称为质子极光。质子极光呈微弱的弥漫状光带，肉眼不易看见，仅在 300～500 千米的高度范围内观测到。质子极光和电子极光可以同时出现。

极光按发生区域分为极光带极光、极盖极光和中纬度极光红弧。极光带极光通常指磁纬 60°～70° 夜间经常看到的极光，多为普通型极光和 B 型极光。极盖极光是磁纬 75°～90° 白天经常看到的极光。它的主要光谱成分是红光，可伸向 1000 千米高度，蓝紫光是另一重要光谱成分。还有一种极盖极光，是太阳耀斑爆发后喷出的 100 万～1 亿电子伏的高能质子造成的，它均匀地覆盖在极地上空（有时延伸到磁纬 60°），伴随云形光斑块。中纬度极光红弧是磁纬 41°～60° 地区在地磁活动增强期间可以看到的极光。红弧强度最大值在 400 千米附近，是一个南北长 600 千米、东西长 1000 千米以上的围绕地球的均匀弧，一般肉眼看不见，只有当红弧较强时才看得见。

一种特殊形式的极光是 θ 极光。从高轨道卫星上看，极光弧跨越极盖从白天向夜间扩展，形成闭合的极光椭圆，其形状很像希腊字母 θ。这种极光仅在行星际磁场北向时才能观测到，对其成因还不十分清楚。

通过对 100 多年观测数据的分析发现，极光是一种周期性的现象。极光出现的频率与太阳黑子数有密切的关系。在太阳黑子数最大年份，极光活动频繁，且极光在极区的扩展范围大。在太阳黑子数最小年份，极光出现稀少，空间扩展范围小。

极光区电离层可以看作太阳活动和地磁活动的屏幕，许多复杂的空间物理现象都可以从这个屏幕上显示出来。通过对极光强度、颜色和分布的观测，可以定量地确定粒子沉降、极区电离层加热等参数，这对于预报空间环境的变化是非常重要的。

气　辉

气辉是地球高层大气中由光化过程造成的弥漫性微弱发光现象。人们可以凭借它在漆黑的夜晚看到物体在夜空中的轮廓。气辉直接或间接地由太阳辐射激发，主要发生在地表以上 60 ～ 300 千米的高度，最亮部分位于 100 千米高度左右、10 ～ 20 千米厚的区域。其可见光部分主要的颜色是红色、绿色和黄色。

气辉于 1868 年首次被发现，当时发现夜晚天空的亮度除来源于星光和极光等光源之外，还来自一种在光谱中表现为绿色谱线的光源。1929 年又观察到这种光源另外颜色的谱线。这种光于 1950 年被命名为气辉。

气辉是全球性的，在天空中均匀分布。气辉可以分为三类：①发生在白昼的称昼气辉。由于白天太阳辐射最强，因此昼气辉最明亮，但完全被太阳光所遮盖，需要用特别的仪器才能观测到。②发生在日出和日落时的称曙暮气辉。此时高层大气能够吸收到太阳辐射并产生气辉，而低层大气处于黑暗之中，因此曙暮气辉很容易被地面观测者观测到。③发生在夜间的称夜气辉。夜气辉不是直接由太阳辐射所激发，而是由一些光化学过程产生的，亮度低于昼气辉，但它的可见光亮度高于星光总亮度，占无月夜晚天空总亮度的 40%。

气辉不仅发生在地球高层大气，在金星、火星、木星等行星的高层大气中也能观测到气辉现象。气辉研究是人们了解高层大气结构、状态、变化和物理、化学过程的重要途径之一。

地　冕

地冕是地球高层大气中以发生辐射的氢原子和氦原子为主要成分的部分。从地球之外观测，向阳面地球外层空间仿佛戴着一顶主要由氢原子莱曼 α 射线构成的光罩，故此得名。地球大气层中的中性氢原子向地球外逃逸，漫布在等离子体层及其以上的地球空间之中，称为地球外层，又名外逸层。地冕便是地球外层的一种"可视化"表现。

地球外层大气极其稀薄，在环电流内边界附近每立方米约有 10^9 个氢原子。这样低的数密度，很难进行直接探测。地球外层可视为地球大气层的延伸，其外边界称为外层顶，离地球约 20 万千米（31 个地球半径），在此高度上太阳辐射压强与地球引力达到平衡。内边界称为外层底，位于大气逃逸的临界高度，离地面大约 500 千米。在这一高度以下，大气层足够稠密，大气分子和原子的运动受碰撞控制；在外层底以上，碰撞次数减少，速度足够高的大气原子可以挣脱地球引力的束缚，逃逸到行星际空间之中。除逃逸粒子之外，外层中也存在受引力束缚的氢原子。这些原子在引力作用下或沿弹道轨道运动，或像卫星一样绕地球转动，然后逐步落入稠密大气层之中。

地冕的发射属于气辉现象。地冕中的粒子，通过共振散射和荧光散射过程，将吸收的太阳远紫外波段中氢和氦的辐射再释放出来，形成自己的发射。地冕发射不仅发生在太阳辐射直接照射到的区域，而且通过光子的多次散射，传输到地球的阴影区。氢原子共振线莱曼 α 射线是地冕发射中最强的谱线，它的发射强度随发射区的高度和太阳天顶角而变化。1972 年，美国登月宇宙飞船"阿波罗"16 号的宇航员，在月球上拍摄到的地球的远紫外辐射照片，显示了地冕莱曼 α 辐射强度的全球分布。这项观测还发现，在远离地心 15 个地球半径的地方，仍能从行星际辐射背影中区别出地冕的辐射。

潮　汐

潮汐是海平面在日月引力和地球自转的共同作用下发生的涨落。潮汐发生的原因是海水受到引潮力的作用而流动。当一个大质量天体（如月球）的引力作用于一个延展天体（如地球）时，位于地球表面或内部的单位质量质点和位于中心的质点所受到的引力是不同的。这两个力的向量差就是质点受到的引潮力。在惯性系内观察时，这是地球质点实际受到的力。

潮汐力使海平面升高形成洋潮。洋潮有两个凸起（高潮）一个在面向月球的月下点，另一个位于相反一面的对跖点。在经度相差 90°的地方还有两个低潮。随着地球的自转，同一地方一昼夜出现 2 次高潮和 2 次低潮（半日潮）。由于月球的公转与地球的自转同方向，高潮出现的间隔大约是 12 小时 25 分钟，25 分钟是因月球公转而拉长的时间。太阳对地球也有潮汐效应，但它的引潮力只有月球的 46%。日月的交互作用造成朔日和望日的大潮，以及上弦和下弦的小潮。对于高精度测量，还需要考虑金星和木星引潮力的影响。

如果地球表面全部为海洋覆盖,大潮的高度在理论上大约为93厘米,并且会十分准时;然而洋潮受到诸如海水摩擦洋底,洋流惯性,大洋盆地靠近陆地时变浅,以及海水在不同大洋盆地之间的流动等许多因素的影响,以致地球上大多数地方的潮汐时刻和高度要靠观测获得,难以由理论确定。

潮汐力不仅造成海潮,也作用于大气和固体地壳造成大气潮和固体潮。大气潮的影响在地面和低空为天气变化所压制,显得微不足道,但在80~120千米的高空则占据支配地位。固体潮的影响更加不可忽视。固体潮引起的地壳形变会使测站的坐标发生变化,是精密测量必须要考虑的。固体潮隆起受到其他天体引力产生的扭矩,其方向与地球自转相反,使地球自转变慢,角动量和动能减少。地球损失的角动量传给月球,形成耦合,使月球轨道升高,公转速度变慢。激光测距得到地月距离以38毫米/年的速率变大;原子钟也测出地球日长以15微秒/年的速率变长。为了使世界时(UTC)的日与原子时同步,设置了闰秒以调节UTC时间。

潮汐现象不仅发生在地球上,也发生在其他行星、矮行星和卫星上。例如月球表面也经历周期27天、幅度约10厘米的潮汐。月球潮汐有2个分量:一个是因同步自转而固定的地球潮,另一个是变化的太阳潮。由此产生的应力累积是月震发生的原因。潮汐还发生在星系规模,星系里的恒星、星团、星云等都会受到星系潮汐(galactic tide)的影响。通过计算机模拟研究,有学者认为太阳系里高达90%的长周期彗星是受到银河系潮汐影响(以及其他一些随机性因素)而减小了近日距从而由奥尔特云内迁移到内太阳系的。

月　球

月球是地球唯一的天然卫星。也是离地球最近的天体。又称"月亮"，古称"太阴"。月球平均半径 1737 千米，约为地球的 27%。体积为地球的 1/49。表面积相当于地球的 1/14，略小于亚洲面积。质量为地球的 1/81。平均密度 3.344 克 / 厘米 ^{3}，相当于地球的 3/5。赤道表面重力加速度 1.62 米 / 秒 ^{2}，只及地球的 1/6。表面逃逸速度 2.4 千米 / 秒，约为地球的 21%。地月之间平均距离为 384400 千米，约为地球直径的 30 倍，与地球构成太阳系中独特的地月系。从地球上看月球，视圆面直径的平均值为 31 角分，和太阳的视圆面大小相当。为既能形成日全食，也能实现日环食提供了必要的条件。虽然月球的反照率只有 0.12，比地球的 0.37 小了许多，只因离地球近，使之成为地球夜空中最亮的天体。满月时的视亮度为 –12.7 星等，比金星最亮时还亮 2000 倍。月球轨道偏心率 e 为 0.055，比地球轨道偏心率 0.017 大许多，从而形成地月之间距离的变化幅度是：近日距 356400 千米，远日距 406700 千米，二

2016 年 11 月 14 日拍摄，月球距地心 356511 千米，为 80 年最近超级月亮

者之比约为 88 ： 100。月球在近日点附近时出现的日食可以是日全食，而在远地点附近时则多为日环食。

◆ 物理特性

内部结构

月球是分异成为核、幔和壳的天体。月核又分为两部分：半径 240 千米的富铁固态内核以及包裹其外、半径 300 千米的液态铁外核。月核的外面是硅酸盐的幔和壳。月壳的厚度平均为 50 千米，月幔介于核和壳之间。月球的密度为 3.344 克 / 厘米^3，在太阳系各卫星中居于第二，仅次于木卫一。

月面地形

月球朝向地球的正面可见明亮的高原和醒目的碰撞环形山，其间分布着黑色的月海。月面最显著的地形特征是背面直径约 2600 千米的南极 - 艾特肯（SPA）盆地，这是月面最大、太阳系第二的碰撞盆地。SPA 盆地深约 13 千米，是月面最低点。月面高程最大的地方在月球背面偏东北方向的地方。研究认为一次倾斜碰撞在造成了 SPA 盆地的同时，造成了对面壳层的变厚。月球背面平均比正面高 1.9 千米。月面断层崖的存在表明，在过去 10 亿年里，月球收缩了大约 90 米。

碰撞环形山

一般称为环形山或者陨击坑，形成于小行星或彗星与月面的碰撞，月球正面直径大于 1 千米的环形山估计有 30 万之多。酒海、雨海和东海等重大碰撞事件中，抛射物质堆积形成了直径由数百到数千千米的多重环带。由于不受大气、气候和晚近地质活动的影响，环形山得以保持原貌。在月面更古老的地区，会积累更多的陨击坑，因此统计单位月面上环形山的数目，就可以估计其地质单元年龄。月壳表层因陨石撞击、太阳风和宇宙射线轰击等太空风化作用变得高度破碎，形成月壤。其厚度在月表古老区域达 10 ~ 20 米，年轻区域则只有 3 ~ 5 米。

水

液态水不能在月面存在，但两极永远不见阳光的寒冷陨击坑内可能存在冰，它们或者来自撞入的彗星，或者生成于富氧月岩与太阳风中氢元素的反应。这仍然只是一个假设，但近年来已有多次在月面发现痕量水的报道。

重力场

月球重力场的特征是存在多个质量瘤，即出现在某些大碰撞盆地的较大重力正异常，这种异常对绕月航天器的轨道造成影响。质量密集部分是由于流入并填充盆地的高密度月海玄武质熔岩引起的，但还不能解释全部异常，可能还有其他未知因素的影响。

磁场

月球有一个强度为 1 ~ 100 纳（10^{-9}）特斯拉的外磁场，不及地球磁场的百分之一。其不存在地球那样的全球性偶极磁场，只有磁化的月壳。磁化可能形成于月球历史早期有过的发电机机制，也可能形成于大碰撞事件。

大气

月球大气产生于太阳风离子对月壤的轰击，总质量不到 10 吨，月面大气稀薄到接近真空。月球大气中已经探测到来自太阳风的钠、钾、氦 4 和来自月壳和月幔物质放射性衰变的氡，氩 40、氡 222 和钋 210。月球大气中缺少存在于月壤中的原子或分子态的氧、氮、碳、氢和镁，原因尚不明确。探测器还在月球大气中发现了水蒸气，可能是表层水冰升华而来的。月球大气会因重力而回到表层，也会因太阳辐射压和太阳风而逃逸至行星际空间中。

月尘

围绕月球有一个不对称的永久性尘埃云。总量估计为 120 千克，从表面延升到 100 千米高空。尘埃云产生于彗星粒子的碰撞。每昼夜估计有 5 吨这样的粒子轰击月球表面，使尘埃从月面抛起。尘埃微粒在月球上空平均停留约 10 分钟，5 分钟升起，5 分钟落下。尘埃云是不对称的，在月球昼夜分界线附近密度较大。

季节

月球赤道面对黄道面的倾角只有 1.54°，远小于地球的 23.44°，因而季节受日照变化的影响很小，地形才是影响月球季节的主要因素。月球两极地区有一些环形山的底部处于黑暗严寒的永夜状态，即便夏季，永久阴影坑内的温度也只有 35K，比冥王星表面还要寒冷。

◆ 月地关系

相对于遥远恒星，月球绕地球公转一周的时间是 27.3 日，叫作恒星月。由于地球同时围绕太阳公转，月球相对于地球呈现同样相位的时间要略长，为 29.5 日，叫作会合周期或朔望月。月球轨道平面以 18.6 年的周期缓慢转动，影响到地月运动的方方面面。月球轨道受到太阳和地球的影响，以很多不大而相当复杂微妙的方式变化着。

与主星比较，月球的直径是地球的 1/4，质量是地球的 1/81，这在太阳系的行星中都是最大的。月球之所以仍然被当作卫星，而不是和地球并肩成为双行星，是因为地月系的质心仍然位于地面之下 1700 千米。月球的反照率很低，只比旧沥青略亮；之所以在天空中看上去那样明亮，主要是由于背景天空更暗。上下弦时，月球的亮度只有满月的 1/12。

月球自转是同步的，总以一面朝向地球，由于自转速度和轨道速度的不均匀性，以及月球赤道和公转轨道倾角的存在等因素，致使地球上的观测者能看出月面边缘的前后摆动，因而能看到的月球表面达 59%。这一天象称为天平动。月球自转在历史上要比现在快，由于地球引起的潮汐形变的摩擦作用，月球自转变慢，月球的自转能量不断转化为热能耗散，直到相对于地球没有自转，锁定于现在的状态。

月亮当下的轨道距离大约是地球直径的 30 倍，它在天空中的视尺寸差不多与太阳一样，这使得月亮能够正好遮挡住太阳，发生日全食天象。

◆ **天文学史上的月球研究**

月球是除太阳外与地球和人类关系最为密切的天体。地球上的潮汐现象是太阳和月球以及太阳系其他天体的引力作用结果。月球的质量虽然只及太阳质量的二千七百万分之一，但月地距离却只有日地距离的 1/400，所以月球的起潮力是太阳的 2.2 倍。可以说正是由于有了月球才有潮起潮落的周而复始和大潮小潮的互相交替。还有由于月球的存在，才会有日食和月食的天象。

在地球上，月球是唯一用肉眼能够观察到盈亏和月相逐日变化的天体。月相变化的顺序是朔月、蛾眉月、上弦月、盈月、满月、亏月、下弦月和残月。自古以来，月相变化的周期称为朔望月，为一种基本计时单位，中国称之为"月"。凡只以月相周期安排的历法称为"太阴历"。中国传统历法是兼顾月相周期和太阳周年运动的阴阳历，所以朔望月始终是古历的基础。远古遗存的"古四分历"中的朔望月周期长度和今日通用值相比，误差为 +0.00026 日。179 ～ 184 年东汉刘洪的"乾象历"中的误差是 −0.00005 日。到 463 年南北朝祖冲之的"大明历"已采用了与今日通用值精度相同的朔望月日长。早在西汉"淮南子"中刊载的恒星月的长度和今日通用值的差值仅为 +0.00019 日。祖冲之推算出的交点月周期已与今日通用值相当接近。刘洪测定的近点月与现代值仅差 +0.00021 日。

望远镜发明后，天文学家开始绘制和拍摄月面图，按地形地貌的结构和特征分别冠以"环形山""湖""海""山""山脉""洋""沼""岬""溪""峭壁""湾""谷"等。随着天体物理学的兴起，最终证明月球表面没有任何液态的水，湖、海、洋、沼、溪、湾等与水有关的名称其实全都名不副实。

从 18 世纪末到 20 世纪初，经过几代天文学家的努力，如 P.-S. 拉普拉斯、C.-E. 德洛内、P.A. 汉森、J.C. 亚当斯、S. 纽康、G.W. 希尔、F.F. 蒂色朗、H. 庞加莱、E.W. 布朗等，运用日益完善的天体力学方法，建立了成熟的月球运动理论，能够精确地描述月球的运动细节。

◆ 月球的空间探测

月球是人类首先实现就近考察和就地勘测的天体，也是人类第一个登临的天体。人造地球卫星于 1957 年上天两年之后，苏联空间探测器"月球"3 号在 1959 年飞掠月球，并发送回月球背面的照片，展示了人类从未得见的月球背面图像。之后苏联与美国更是发射多颗探测器对月球进行探测。美国 20 世纪 60 年代开始实施"阿波罗"探月计划，更是实现载人登陆月球。

20 世纪 70 年代之后，太阳系的空间探测转向其他目标，直到 1994 年美国"克莱门汀"这个主要用于军事目的的探测器发现月球极区有水蕴藏的迹象，从而重又引发了新的月球探测。之后世界各国皆开展自己的月球探测项目。

中国的月球探测始于 2007 年，经过多年探测，已取得多项成绩，如 2019 年人类首次月球背面着陆、2020 年实现中国首次月球采样返回。

◆ **月球起源**

在 20 世纪 70 年代之前，关于月球的起源主要有三种理论，即"俘获说""同源说"和"分裂说"。俘获说认为月球原为一个小行星，后因运行到地球附近被俘获。同源说认为地球和月球成双地同时和同地诞生于原始太阳星云。分裂说则认为月球是在太阳系形成之初，从地球中分离出去的。"阿波罗"探月计划执行后，有关月球的知识骤增，揭示出三种假说都有与月球和地月系的现实不相容之处。80 年代初，关于月球起源的迷惘出现了重大突破。首先，新兴的混沌动力学指出，太阳系诞生的早期，行星的轨道仅能稳定几百万年，随即因受木星和土星的摄动而快速演变，继而出现频繁的大碰撞事件。其次，运用超大型计算机实现的三维流体力学模拟显示，曾有一个大小和火星近似的名为忒伊亚（Theia）的天体与形成不久的地球遭遇，发生偏心碰撞。该天体和幼年地球的一部分地幔被反弹到太空，其富铁的内核则融入地核，弹出的碎片又快速地重新聚集成为今日的月球。这一名为"大碰撞"的月球起源假说不仅兼有俘获说、同源说和分裂说的有据而合理之处，还能很好地、更多地阐明诸如月球和地月系的轨道、角动量和运动，成分和结构等的特征。"大碰撞说"已被广为接受。

火 星

火星是太阳系中八大行星之一，从内而外数第四颗行星，天文符号♂，属于类地行星。直径约为地球的百分之五十三，自转轴倾角、自转周期均与地球相近，公转一周约为地球公转时间的两倍。火星表面呈红黄色，是地表土壤含有大量赤铁矿（氧化铁），受紫外辐射作用生成红黄色氧化物，且大气中又悬浮红黄色微尘共同作用形成的。火星的英文名字"Mars"一词来源于古罗马神话中的"战争之神"，中国古代称火星为"荧惑"，西汉之后始称火星。

◆ **物理性质**

火星是太阳系中距离太阳第四远的行星，属于类地行星，也是除金星外距地球最近的一颗行星。火星距地最近时仅有 0.55

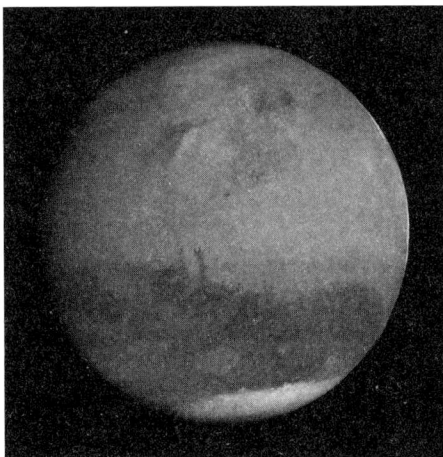

罗塞塔号拍摄的火星照片（2007）

亿千米，最远时有 4 亿千米。火星的平均直径为 6794 千米，大约为地球直径的一半。表面积约为 1.45 亿平方千米，仅相当于地球上陆地的表面积。体积约为 1630 亿立方千米，大约是地球体积的百分之十五。质量 $6.42×10^{23}$ 千克，仅为地球的百分之十。火星平均密度为 3.93 克 / 厘米 ^{3}，与地球内部地幔的平均密度相似，是类地行星中密度最小的。火星上的引力场比地球弱，表面的重力加速度为 3.72 米 / 秒 ^{2}，大约是地球的百分之三十八。

除了南北两极的白色冰盖，整个星球都被红黄色的沙丘和砾石所覆盖，属于一颗沙漠行星。火星的大气很稀薄，成分主要是二氧化碳（95%）、氮气（2.7%）和氩气（1.6%），还有微量一氧化碳、水蒸气和臭氧等，氧气含量极低。因为大气稀薄，所以平均气压仅为 5.6 毫帕，约为地球的千分之一。火星上的温度变化范围为 27℃（300K）到 -138℃（145K），全球表面年平均气温 -63℃（210K）。火星的磁场较地球弱，表面的引力为 3.693 米 / 秒 ^{2}。火星的最高亮度可达 -2.9 等，在八大行星中仅比木星、金星暗，因此在地球上晴朗的夜空中肉眼可见。

◆ 火星的卫星

火星有两个天然卫星：火卫一和火卫二，火卫一（Phobos）呈土豆形状，它是火星的两颗卫星中较大也是离火星较近的一颗。火卫二（Deimos）较小而且是靠外侧的一颗卫星。两颗卫星的形状不规则，可能都是捕获的小行星。这两颗卫星都是由美国天文学家阿萨夫·霍尔于 1877 年在美国海军天文台发现的，它们的名字均取自于古希腊神话中战神玛尔斯的儿子。两颗卫星几乎都有正圆形轨道，位于火星的赤道平面上，其旋转轴均正交于该平面。

火卫一是一个平均直径为 22 千米的三轴椭球体，其公转半径为 9378 千米，它距火星表面只有 6000 千米。火卫一是太阳系天体中反照率最低的天体之一，反照率只有 0.071，与 D 类小行星类似，成分与碳质球粒陨石相似。近几十年的观察表明，火卫一的轨道速度由于潮汐的拽引，正在缓慢地增加，因此，火卫一正在变得靠近火星。计算结果表明，按目前的加速度，它将在大约 1 亿年内坠入火星大气层，落到火星表面。

火卫二的平均直径仅有 11.5 千米，密度大概为 1.5±0.2 克 / 厘米^3，低于含碳矿物和硅酸盐矿物，这意味着火卫二的内部存在较高的孔隙度或者充填着水冰。经推算，火卫二内部的孔隙度为 33% ～ 63%。

◆ **自转与公转**

火星目前自转轴倾角为 25.19°，和地球的自转轴倾角相近，但由于没有如月球般的巨大卫星来维持自转轴，因此火星得到自转轴倾角可在 13° 至 40° 间变化，不像地球的稳定处于 22.1° 到 24.5° 之间。由于没有大卫星的潮汐作用，火星自转周期变化小，不像地球的自转周期会被慢慢拉长。目前火星日平均为 24 小时 39 分 35.244 秒，大约为 1.027 个地球日。自转轴倾角和轨道离心率的长期变化则造成了火星上气候的长期变迁。

火星公转轨道面与黄道面的倾角为 1.85°，所以火星总是在地球的夜空沿着天球上黄道运行。火星公转的平均轨道速度为 24.13 千米 / 秒，公转周期为 686.9 个地球日，略小于两个地球年。火星的赤道与公转轨道的倾角为 25.19°，和地球的黄赤交角 23.45° 近似，所以火星也有类似地球的四季现象，只是每季的长度要比地球的长出约一倍。当地球运行到太阳和火星轨道之间，太阳和火星的黄经相差180°之际，太阳、地球和火星几乎排成一线，这种现象称为火星冲日。若冲日时火星位于近日点，称为大冲，隔 15 ～ 17 年一遇。最近的一次大冲在 2018 年 7 月 27 日，下次火星大冲将发生在 2035 年 9 月 15 日。若大冲时又逢地球位于远日点，此时地球和火星的距离最近，称为最近距大冲，为难得一遇的罕见天象。

◆ 火星地形地貌

火星表面地形具有二分性，南半球和北半球地貌差异较大，南部由较高的高原组成，而北部由较低的平原组成。南部的高原上分布着数量巨大的陨击坑，包括火星上最大的陨击坑赫拉斯（Hellas）和阿盖尔（Argyre），而且地势起伏不平；北部平原上的陨击坑相对南部高原要少得多，大部分是熔岩，而且常常被风成堆积和泥石流物质所充填掩埋，因此地势较为平坦。现在认为，火星南部半球较为古老，北部半球较为年轻。这是根据南部半球的陨击坑的规模和数量都比北部半球要大和多得来的。

火星表面有多种地貌：陨击坑和盆地、大的盾形火山、峡谷系统和干涸的河床、崩塌地貌、两极区冰盖和沉积层、风成沙丘等。总体来说火星的地貌特征比月球和水星复杂，也有别于地球。火星上以一个与火星赤道呈 30°倾角的大圆，可以将其表面分成南、北两个半球。南半球年龄较老地势较高，广泛分布陨击坑；北半球年龄较轻地势较低，有广泛的熔岩流、塌陷和两个巨大的火山群。火星表面的最大高差近 30

千米，最低点为海拉斯盆地（高程为 -8.2 千米），最高点为奥林帕斯火山（高程为 21.2 千米）。火星上普遍存在的一种构造地貌是地堑，它们紧密或平行排列，或是长达数百千米的孤立台地。塔西斯高原隆起是火星上全球尺度的大地貌，发育数千条大致径向排列的断裂体系长达几百千米，宽度在一千米以上。

◆ **火星主要地貌分区**

根据火星的地貌和构造可以划分为五类单元：古老的南部高原单元、年轻的北部平原单元、火山单元、峡谷与河床单元和极区单元。①南部高原：火星南部高原平均高度为 1.5 千米，约占火星表面积的一半，密布陨击坑，可能代表了最古老的火星表面。②北部平原：火星北部的平原区平均高度为 -4 米，陨击坑密度与月海相近，被认为比南部高原年轻。北部平原上分布的大多是火山物质，以熔岩为主，但它们又往往被风成物质和泥石流所覆盖充填。③火山：火星上的火山和地球火山不太一样，由于缺乏明显的板块运动，使火山分布是以热点为主，在原地喷发不断堆积，且因火星重力较小，因此火星上的火山可以堆积得很高。火星上的大部分火山为由玄武岩构成的盾形火山，以及火山渣锥、熔岩流、熔岩管和小型盾形火山。火星上有五座巨大的火山分别是：阿希亚（Arsia）、帕吾尼斯（Pavonis）、埃斯科雷尔斯（Ascraeus）、奥林帕斯（Olympus）、阿尔巴（Alba）。最高的火山为奥林帕斯火山，它与阿尔巴、阿希亚、帕吾尼斯以及埃斯科雷尔斯火山高地共同构成了萨希斯大火成岩省。在这些大火山之间还分布着许多小火山。④峡谷和河床：火星上最独特的巨型峡谷体系名为水手大峡谷，占火星赤道区长度的四分之一以上，长 4000 多千米，宽 150 ～ 700 千米，深可达 7 千米。是构造成因的巨大裂隙，而后又被各种侵蚀和水流沉积过程所改造。水手峡谷可以分为五段："夜迷宫"、西槽、中槽、东中心槽和东峡谷。火星上有许多现在已经无水的干涸河床，它们不同于构造成因的沟谷，且确有流水冲刷特征。火星表面的河床主要有两大类：径流河道和溢流河道。径流河道与地球上的干涸河谷相类似，广泛分布于火星南半球的陨击高地。有些构成相连的径流河床网，很像地球上的河网，长几百千米，由许多小支流汇成大河床。溢流河道和河床是分布在火星赤道区的巨大河谷系。最大且研究较好的溢流河床位于火星高地东北，流入黄金平原，包括卡塞、玛雅、司马德、蒂乌、阿瑞斯河谷及其小支流，各主河床的宽度都在万米以上，最长可达几百千米，沿途高程下落几千米，切割许多树枝状和交连的河床。溢流河床的形成可能类似与地球上灾难性的洪水冲刷地面，源头在地堑发育的杂乱地带。⑤极区：火星的纬度 70° 以上的地区称为火星的极区，与地球的极区类似，火星上的极区沉积物表面的最上层，是水冰和干冰以及尘埃沉积形成的极冠，冰极冠下面是层状沉积物，深度几千米。层状沉积物的边缘是悬崖和阶地，阶地可能是多阶段侵蚀的结果，各层厚度为 10 ～ 50 米。此外，火星表面还有许多风侵蚀和风沉积形成的地貌。火星上存在形态各异的沙丘，覆盖了整个星球表面。除了前面已述的河床和已改造地貌可能是地下冰或永冻土融化的结果，火星上还有类似地球冰缘区的地貌：黄金平原南部还有类似喀斯特地貌的不规则坳陷，这可能是地下冰移走所致；北纬 40° ～ 50° 的平原上有多边形断裂，个别多边形的直径达 20 千米，而地球上的冰冻多边形地貌的直径很少超过 100 米。

◆ **火星表面环境**

①温度：火星的轨道是椭圆形，因此，在不同位置接受太阳照射的所获得的能量不同，火星位于近日点和位于远日点时表面温度有所差异，温差将近 160℃。这对火星的气候产生巨大的影响。火星上的平均温度大约为 -63℃（210K），但却具有从冬天的 140K（-133℃）到夏日白天的将近 300K（27℃，80°F）的跨度。②季节：火星自转轴有明显倾斜，赤道与公转轨道的倾角 25.19°，和地球的黄赤交角 23.45° 近似，所以日照的年变化形成明显的四季变化，而一季的长度约为地球的两倍。由于火星轨道离心率大，为 0.093（地球只有 0.017），使各季节长度不一致，又因远日点接近北半球夏至，北半球春夏比秋冬各长约 40 天。③大气：火星的大气密度只有地球的大约 1%，非常干燥，温度低，表面平均温度 -63℃，水和二氧化碳易冻结。但是在火星的早期，它的环境可能与地球十分相似。像地球一样，火星上几乎所有的二氧化碳都被转化为含碳的岩石，但由于缺少地球的板块运动，火星无法使二氧化碳再次循环到它的大气中，从而无法产生意义重大的温室效应。因此，即使把它拉到与地球距太阳同等距离的位置，火星表面的温度仍比地球上的冷得多。

火星极冠

火星两极地区的白色覆盖物称为火星极冠。早在 17 世纪就已为荷

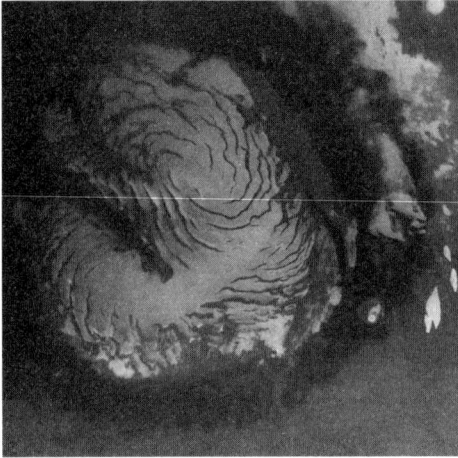

火星北极冠（1999）

兰学者 C. 惠更斯所发现。用望远镜观测，极冠是火星面上最显著的标志，并随火星的季节变化：南北极冠各自在所属半球的冬天扩大，夏天缩小。1898 年，英国物理学家斯托尼设想极冠的成分是固体二氧化碳（干冰）。在 20 世纪 40 年代末、50 年代初，柯伊伯通过分光观测认为极冠是由水冰而不是由干冰组成。"水手号"和"海盗号"探测器对火星两极地区进行多次考察，确认极冠中既有水冰又有干冰。极冠的温度在 -70℃ 到 -139℃ 之间。火星大气中有相当数量的二氧化碳在冬季半球的极地凝结，因而使该半球的极冠面积扩大（最大的时候达到纬度 60°处）。当该半球进入春天时，二氧化碳汽化；此后又在另一半球的极地凝结。水汽由于凝固点较高，便在两极的高纬度地区形成范围较小的永久性极冠。据估计，极冠中大约保存有大气中 20% 的二氧化碳，而保存的水则比大气中的多得多。极冠中的水冰，如果全部融化并均匀分布在火星表面，就会形成一个 10 米厚的水层。极地的照片表明，极冠不是整块的，而有分层的结构。在冰的覆盖层的边缘形成一系列的台阶。各层的厚度为 10 ～ 50 米。对这种结构的解释是：可能是极地受过严重的侵蚀，也可能是火星气候的冷暖交替引起极冠的融化和冻结所致。

火星运河

火星运河史火星表面上的、视觉可见的、由直线标志构成的系统，现已知它们是火星表面上的大型环形山和其他结构造成的视觉效应。太阳系中火星比任何其他行星都更像地球。它比地球稍小，有被大气包围着的固体表面；有四季的交替和气候的变化；它的南北两个极冠各在夏天缩小，冬天扩大，像是冰雪的消融和冻结；火星上比较暗黑的区域（称"海洋"）颜色随季节发生深浅的变化，像是植物的生长和凋零。

1877 年，斯基帕雷利报道他观测到火星的"运河"，以后又有人画出详细的火星图，并设想这些"运河"是"火星人"为了利用两极的冰雪灌溉干旱的低纬度地区而开凿的。这种说法曾轰动一时，但当时的许多天文学家对这种看法持怀疑态度。有人证明，"运河"是在人眼接近视力极限的情况下出现的错觉。20 世纪 40 年代，苏联学者季霍夫认为火星上存在着植物；并认为火星上"海洋"的颜色随季节而变化是由于这些植物随季节而枯荣造成的。与此同时，也有人研究火星上存在动物的可能性。

通过行星际探测器的直接考察，为火星上是否存在生命的问题提供了很多资料。"水手号"探测器（特别是"水手"9 号）拍摄的照片已证明"运河"是不存在的，"海洋"颜色随季节的变化完全是火星上的气象所造成。照片还表明，火星是一个极其荒凉的世界，那里没有液态水，大气极其稀薄，又非常寒冷。火星表面没有可以觉察到的植物或动物存在，它的外部条件也不适于较高级形式生命的存在。

火星卫星

火星有两个卫星：火卫一和火卫二，是 A. 霍尔在 1877 年火星大冲时发现的。火卫一和火卫二的轨道半长径分别约为 9370 千米和 23520 千米，相当于火星半径的 2.8 倍和 6.9 倍。这表明，它们的轨道很接近火星。特别是火卫一，它的轨道几乎处于洛希极限上，到了这个极限，卫星将因行星起潮力的作用而粉碎。火星对火卫一和火卫二的潮汐摩擦使火卫一不断接近火星，而使火卫二不断远离火星。火卫一和火卫二的公转轨道面与火星赤道面的交角以及它们的轨道偏心率都不大。这两个卫星绕火星转动的周期分别为 7 小时 39 分和 30 小时 18 分。同月球一样，它们的自转周期和它们的公转周期相等。火卫一绕火星的公转周期比火星本身的自转周期还要短，因此造成一种奇特的现象：从火星表面看来，火卫一同其他天体相反，它每天西升东落两次。火卫一和火卫二被认为是太阳系中的不规则卫星。火卫一和火卫二都很小，而且形状不规则。火卫一的大小近似 27×21.6×18.8（千米），火卫二只有 15×12.2×11（千米）。在火星赤道附近看到的火卫一，还没有地球上看到的月球一半大，而火卫二只有勉强看得清的视圆面。两个卫星上都有许多撞击陨击坑，其中最大的是火卫一上的斯蒂尼陨

火星侦察轨道器拍摄的火卫一照（2008）

击坑，直径达 8 千米。行星际探测器"海盗"1 号在考察火卫一时还发现这个卫星地形上的新特征——沟纹和小环形山链。沟纹有些地方宽达500 米。环形山链差不多与火卫一的轨道面平行，某些环形山位于链的突出处，可能是次生的环形山。根据"海盗"1 号、2 号的测定，火卫一的质量是 1.1×10^{19} 克，因而它的密度约为 2.1 克 / 厘米 ^{3}，同谷神星的密度一样。火卫一和火卫二的反照率都在 0.05 左右，类似于碳质球粒陨石和碳质小行星，因此有人推测，它们可能起源于小行星带。

木　星

木星是太阳系八行星之一。太阳系中最大的行星。西名"Jupiter"是罗马神话中的主神，中国古代称"岁星"，西汉之后始称"木星"。"冲日"时亮度达 -2.9 视星等，是夜空最亮恒星天狼星亮度的 3.5 倍。

◆ 公转和自转

木星与太阳之间平均距离约为 5.2 天文单位（AU）。木星公转轨道在小行星带外侧，是外太阳系中离太阳最近的一个行星。木星轨道偏心率 e 为 0.05。与太阳距离的变化幅度是：近日距为 4.95AU，远日距为5.45AU。公转轨道和黄道面的夹角为 1.30°，所以在天球上木星的运行轨迹与黄道的偏离很小。它的平均轨道速度为 13.06 千米 / 秒，不及地球的（29.79 米 / 秒）一半。公转周期是 11.87 个地球年，约为 4330 个地球日。木星赤道面与公转轨道面的倾角很小，等于 3.12°，在八行星中仅略大于水星的轨道交角。由于公转轨道和赤道与黄道的倾角都很小，

从木卫一看木星

所以在地球上总是以很小的视角侧看木星的极区。木星自转周期为 9 时 50 分至 9 时 56 分，是自转速率最快的一个大行星。

◆ **理化状况**

木星是类木行星的典型代表。赤道半径 71492 千米，约为地球的 11.2 倍。由于自转快，赤道半径明显大于极半径，椭率 0.062。质量约为地球的 318 倍，超过除太阳外的太阳系其他天体质量的总和。在大气压 1 帕处的表面重力加速度 24.8 米 / 秒^2，逃逸速度约 60 千米 / 秒，也都是八行星中最大的。体积约为地球的 1318 倍，超过其他三个类木行星（土星、天王星和海王星）。平均密度很低，仅为 1.31 克 / 厘米^3，不及地球的 1/4。它与类地行星大不相同，成分主要是氢、氦等轻元素。木星大气厚达 1000 千米，但和巨大的体积相比，仍只能算是薄层。大气中氢占 89%、氦 11%、甲烷（CH_4）0.2%。大气上层接受的太阳热量为地球的 3.7%，气温为 -150 ～ -140℃。反照率为 0.52。

◆ **大红斑**

早在伽利略时代，天文学家即发现南北两半球上沿赤道带分布的、形态多变的条带状和斑纹状的云系，风暴的时速达 300 ～ 500 千米。1664 年，旅法意大利天文学家 G.D. 卡西尼（1625 ～ 1712）首次用长焦距折射望远镜观测到位于木星南半球的椭圆形大红斑。大红斑的宽度相当恒定，约有 14000 千米，但长度在几年内就能从 30000 千米变到 40000 千米。21 世纪初，又观测到一个形体略小的红斑，称为小红斑。现公认大红斑和小红斑都是个风暴气旋，但对其长达几百年的持续机制知之甚少。

在八行星中，木星拥有最强的磁场，表面场强是地球的 14 倍，磁矩是地球的 20000 倍。还有最强大的磁层、广袤的辐射带、壮丽的极光，并是很强的分米波和十米波射电源。推测核心处为一个半径约只有木星半径 5% 的铁－硅核，温度达 30000K。其外是厚度达木星半径 60% 的液态金属氢壳层，再往外是厚度占木星半径 35% 的液态分子氢壳层。金属氢和分子氢的过渡区温度约 11000K，压力达 300 万个地球大气压。最上层则是木星大气，厚度达 1000 千米，但与行星半径的尺度相比还只能算是一薄层。

◆ **木星环**

为"旅行者"1 号行星际探测器于 1979 年飞掠木星时发现，是继土星和天王星之后，观测到的第三个拥有环系的行星。环系由亮环、暗环和尘环（又称晕）三部分组成，又窄又薄，离木星又近，绕转木星一周约需 7 小时。整个环系的宽度约 9000 千米，约为木星半径的 12%。亮环宽 5700 千米，不足木星半径的 8%。除尘环和暗环外，亮环厚度仅 1 千米，由尘粒和水冰组成，反照率很低，可能小于 0.05。与借助小型望远镜即可目视得见的土星光环不同，即使用最大的地基光学天文望远镜也观测不到木星环。

◆ **空间探测**

截至 2023 年，已有六个行星际探测器造访或顺访过木星。"先驱者"10 号和 11 号探测器：前者 1972 年发射，1973 年顺利穿过小行星带，同年飞掠木星。拍摄了一批木星、大红斑、木卫二、木卫三和木卫四的照片，并测量了辐射带的范围和强度。后者 1973 年发射，次年飞临木星南极上空，随后以高速奔向土星继续考察。"旅行者"1 号和 2 号探测器：两个探测器于 1977 年先后升空，它们在 1979 年顺次飞临木星，近距离考察木星、伽利略卫星和木卫五，"旅行者"1 号还首先发现木星环系，并送回大量有关行星际等离子体、低能荷电粒子、宇宙线和木星射电的信息。"伽利略"号木星探测器：于 1989 年由航天飞机送入太空。1994 年在驶向外太阳系之际，正值出现彗木碰撞事件，"伽利略"接受临时的额外任务，从地基天文台和哈勃空间望远镜都不可能有的视角，及时而出色完成观测使命。1995 年飞抵木星区域，在成为第一个绕木星运行的人造天体的同时，将一个子探测器投下一路测量温度和气压，历时 1 小时多，行程 610 千米。"伽利略"探测器则按指令直到 2001 年初已取得了大量有关木星大气结构、云系动态、磁层环境等资料，以及伽利略卫星的近距离图像。2002 年 11 月，在超额完成探测计划后陨落木星大气深处。"卡西尼"土星探测器：1997 年升空，在飞往土星时，于 2002 年年底在途中按指令顺便考察了木星。

木星卫星

木星已确认的有 13 个卫星。其中木卫一、木卫二、木卫三、木卫四是意大利天文学家伽利略在 1610 年用自制的望远镜发现的，这四个卫星后被称为伽利略卫星。它们的星等是 5 等和 6 等，如果不是同明亮的木星十分靠近，它们是可以直接用肉眼看到的。木星的其他卫星比伽利略卫星暗得多，要用较大的望远镜才能看见。美国天文学家 E.E. 巴纳德在 1892 年用望远镜发现的木卫五在木卫一轨道以内运动。1979 年 3 月，"旅行者" 1 号空间探测器发现木卫五呈浅灰色，上面有一个长约 130 千米、宽 200 ～ 220 千米的微红区域。木星的其他卫星则是 1904 年以来用照相方法陆续发现的，它们在木卫四以外的轨道上运动。木星的 13 个卫星中，有的半径达 2000 多千米，有的半径仅几千米或十几千米。此外，1979 年初，美国加利福尼亚大学洛杉矶分校的 D.C. 杰威特和 G.E. 丹尼尔森根据 "旅行者" 2 号探测结果宣布发现木星的一个新卫星，即木卫十四。1980 年，又有人宣布发现木卫十五和木卫十六。

◆ **分群**

木星的 13 个卫星分成三群。其中最靠近木星的一群——木卫五和四个伽利略卫星的轨道偏心率都非常小（≤ 0.01），轨道面和木星赤道面的交角也都很小（≤ 0.5°），就是说，它们都在木星的赤道面上沿圆形轨道运动。这些卫星的轨道面与木星的轨道面的交角大约为 2°～ 4°，顺行，是规则卫星。其余的卫星都是不规则卫星，但又可分为两群。离木星稍远的一群卫星——木卫十三、木卫六、木卫十、木卫七的轨道面和赤道面的交角为 24°～ 29°，顺行，轨道偏心率为 0.13 ～ 0.21。离木星最远的一群——木卫十二、木卫十一、木卫八、木卫九的轨道偏心率相当大（0.17 ～ 0.38），它们的轨道面与木星赤道面的交角为 145°～ 164°，它们都是逆行卫星。有人认为它们可能是被木星俘获的小行星。

◆ 木卫掩食

木星的卫星在运行中会发生下列现象：①木星在太阳照射下，背太阳方向有一影锥，当木星卫星进入影锥时，卫星无法反射太阳光，变得不可见了，称为木卫食。②当木星的卫星进入木星圆面的后面，我们从地球上观测木星卫星的视线便被木星挡住，称为木卫掩。③木星的卫星通过木星圆面的前面，从地球看去在木星视圆面上投下一个圆形斑点，称为木卫凌木。④当木星某一卫星的影子投在木星视圆面上而它本身又不在木星视圆面上时，称为木卫影凌木。⑤从地球上看去，当木星的一个卫星挡住另一个时，称为木卫互掩；当一个木卫进入另一木卫的影锥时，称为木卫互食。

◆ 伽利略卫星

四个伽利略卫星的密度随着同木星的距离的增大而减小，这与太阳系中各个行星的密度随着同太阳的距离而变化的情况十分相似。太阳系中这种情况是由于以原始太阳作为热源蒸发那些较轻的和易于挥发的物质造成的。波拉克认为同一过程也发生在木星及其卫星系统中，只不过是以原始木星作为热源而已。木星辐射出的热能为它从太阳接收到的热能的两倍。而在木星诞生后的头几百万年中，木星平均辐射的能量相当于现在太阳所辐射的能量的几百分之一。

木卫一的表面覆盖着易蒸发的钠盐（可能是通常盐类的晶体）。木卫二、木卫三、木卫四的表面除了覆盖着砂砾土壤和冰霜以外，也不同程度地覆盖着盐和硫黄。木卫一基本上是岩体结构；木卫二的岩体上覆盖着一个水冰构成的壳。根据木卫三和木卫四的密度，刘易斯认为这两个卫星中的岩石或硅矿物不超过15%，其余大部分由冰冻的水、氨和甲烷构成。R.A. 布朗于1973年宣布他在木卫一的发射谱中观测到钠气体的谱线，以后其他观测者也证实了木卫一存在钠气体等构成的大气。这种大气在木卫一周围空间中伸展很广，远远超过其引力所能束缚的范围。原来，木卫一表面覆盖着挥发性钠盐，由于阳光加热，钠就蒸发出来，弥漫在木卫一的运行轨道上，构成了一个环状钠云。"先驱者"10号空间探测器还观测到，在木卫一轨道上有一个比钠云大得多的氢云，在木卫一的向阳面存在一个广大的电离层，后者的范围足以同金星和火星的电离层相比。

木卫一附近之所以有氢云、钠云，是因为原子从卫星的弱引力场中逃逸，飘散到周围空间，但又被木星的巨大引力场束缚住。原子云就展布在"木星空间"，集中在发源地木卫一附近。至于电离层，则是由太阳紫外线电离木卫一的外层大气中的原子造成的。

1979年3月，"旅行者"1号空间探测器发现木卫一的表面比较平坦，不像一般天体那样有众多的环形山。这个空间探测器还在木卫一上发现了至少有六座活火山，以每小时1600千米的速度喷发着气体和固体物质，喷出物高度可达450千米。火山活动区的直径有的达200千米，火山喷发的强度比地球上大得多。

此外，木卫一还有一个红色的极冠；当木卫一从木星影锥中钻出来时，有长达15分钟的亮度增强。射电天文学家还观测到木星射电噪暴的强度同木卫一在轨道上的位置有密切联系。

"旅行者"1号发现木卫二是一个明亮的球体，表面夹杂着一些宽阔的黑色条纹和淡黄色暗区。这表明木卫二被冰覆盖着，冰层底下可能是岩石；黑色条纹可能是它表面的裂缝。"旅行者"1号在木卫三表面发现了十分明显的山脊和峡谷的标志，这说明木卫三表面存在断层。"旅行者"1号拍摄的照片还表明，木卫四上有一些由同心环围绕的大盆地，地势起伏不大。同心环盆地放射出奇特的亮光，表明木卫四表面有冰层。此外还发现木卫四上的环形山比木卫三的多，说明木卫四的地质年龄比木卫三大。

1995年进入环木星轨道的"伽利略"号木星探测器测量到的感应磁场信号表明木卫二冰层以下存在含盐的液态水海洋，木卫三是太阳系内唯一拥有内禀磁场的天然卫星。

2021年7月26日，美国国家航空航天局（NASA）宣布，通过查看哈勃空间望远镜过去二十年的数据，研究人员发现木卫三稀薄的大气中存在水蒸气。不过，这些水蒸气可能是从卫星表面蒸发的冰。截至2023年，科学家们已发现92颗木星卫星。

土 星

土星是太阳系八颗行星中第二大、距离太阳第六近的行星。西名"Saturn"是罗马神话中的"农神"。中国古代称"镇星"，也称"填星"。西汉之后始称"土星"。用光学望远镜可看到它有光环，此外截至2023年，已发现的土星卫星有146颗。

◆ **物理特性**

土星是主要由氢和氦组成的
气体巨行星，缺乏确定的表面。其
自转导致扁球形，它的赤道半径为
60268 千米，约为地球的 9.4 倍；极
半径为 54364 千米，扁率为 0.098，

土星及其光环

是行星中扁率最大的。它的体积约为地球的 763.59 倍。它的质量约为
地球的 95 倍。它的平均密度为 0.687 克 / 厘米 ^{3}，是行星中密度最小的。
它的表面重力加速度为 10.44 米 / 秒 ^{2}，逃逸速度 35.5 千米 / 秒。

◆ **内部结构模型**

依据有关的观测资料和理论计算，土星的内部很可能是由铁镍和
岩石（硅和氧化合物）组成的核心，其质量约为 9 ～ 22 倍地球质量，
直径约 25000 千米，温度达 11700℃；星核被较厚的液态"金属相"氢
层包围；再往外是氢饱和的分子氢液态层，逐渐过渡为气体；最外层
1000 千米是气体。

大气

土星大气浓厚，外大气的分子氢和氦分别占体积的 96.3% 和 3.25%。
相当于太阳的元素丰度而言，土星大气匮乏氦；也不准确知道更重元素
的含量，假定土星有太阳系原始丰度，估计土星的这些重元素总质量为
10 ～ 31 倍地球质量，它们大多在土星的核心区。土星大气含有少量的
甲烷、氨、乙烷、乙炔、丙烷、磷化氢。高层雾霾遮掩使云层特征模糊。
云的成分随气压和温度而变，在气压 0.5 ～ 1.2 巴、温度 100 ～ 160K

有氨冰晶云层；在气压 2.5 ～ 9.5 巴、温度 185 ～ 270K 有水冰云层；在气压 3 ～ 6 巴、温度 290 ～ 235K 间插有氢硫化铵（NH₄SH）冰晶云层；再往下，在气压 10 ～ 20 巴、温度 270 ～ 330K 是含有氨溶液的水滴区。由于土星自转很快、且是较差式的，东西向风交替（纬向环流），东向风速峰达 500 米 / 秒；土星云也有类似于木星云的亮带和带纹，它们对称地平行于赤道，但不如木星云特征显著。土星大气偶尔显示有长寿（持续几个月）的卵形斑（ovals）——反气旋；每个土星年（约 30 地球年）发生一次短寿的大白斑云暴，人类已经观测到以前发生在 1876 年、1903 年、1933 年、1960 年、1990 年的五次大白斑，但 2010 年，与正常情况相比，第六次大白斑较早出现。土星南极显示独特的暖旋涡，有地球那么大，温度高达 -122℃，而通常温度为 -185℃，风速 550 千米 / 时，可能持续数十亿年。其北极旋涡周围有持久的六角形波图案，各边约 13800 千米，整个结构转动周期 10 小时 38 分 24 秒。

磁层

土星有简单和对称的内在偶极磁场，磁轴与自转轴重合，但南北磁极与地磁相反。土星赤道的磁场强度 0.2 高斯。土星的磁层也较广延，达 20 倍土星半径，而磁尾延展到几百倍土星半径。磁层内填充着来自土星及其卫星的等离子体。磁层与太阳风相互作用，产生极区的明亮极光，在可见光、红外和紫外都已观测到。磁层内有辐射带，其所在粒子能量高达几十兆电子伏，它们对于内卫星的冰表面有重要影响。

◆ 公转轨道和自转

土星绕太阳公转椭圆轨道的半长径——土星－太阳平均距离为 9.5549 天文单位（AU），轨道偏心率为 0.05555，土星的近日距为 9.195AU，远日距为 9.957AU，公转周期为 29.4571 年，平均轨道速度为 9.68 千米／秒；轨道面对黄道面倾角为 2.48°。

土星的自转可通过三种不同的系统来描述，系统一包括赤道带、南赤道带和北赤道带，周期为 10 小时 14 分 00 秒，极地地区被认为与系统一具有相似的旋转速率；系统二包括除北极和南极地区以外的所有其他土星纬度区域，周期为 10 小时 38 分 25.4 秒；系统三指的是土星内部的转速，周期为 10 小时 39 分 22.4 秒。

土星卫星

已发现的土星卫星（简称土卫）有 146 颗，它们大多数是近年用地面大型望远镜和空间探测器发现的，其中 53 颗已有正式编号（罗马数字，中国用中文数字）。土卫大多以希腊神话人物命名，例如，土卫一（Mimas）、土卫二（Enceladus）、土卫三（Tethys）、土卫四（Dione）、土卫五（Rhea）、土卫六（Titan）、……

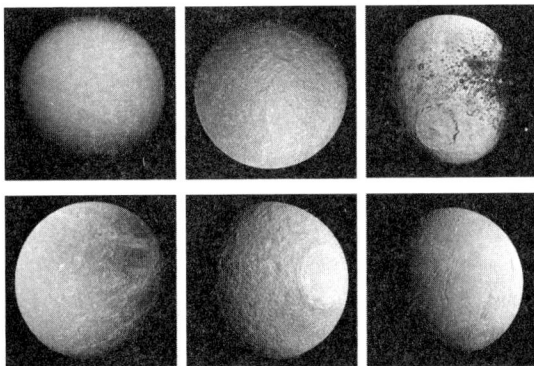

从左向右依次是土卫六、土卫五、土卫八（第一排）
土卫四、土卫三、土卫二（第二排）

土卫五十三（Aegaeon）。最大且唯一有浓厚大气的是土卫六泰坦，第二到第六大的依次是土卫五、土卫八、土卫四、土卫三、土卫二，它们的直径大于 1000 千米，土卫中有 14 颗直径在 10 ～ 50 千米，有 34 颗直径小于 10 千米。

就轨道特征而言，24 颗土卫属于"规则"卫星：轨道面（对土星赤道面）倾角小，轨道运动顺向（土星自转方向），轨道偏心率也小，包括 7 大的土卫（一至六，八）、4 颗位于大卫星特洛伊轨道的小土卫、2 颗（土卫十和土卫十一）共轨的；其余 38 颗属于"不规则"卫星：它们体积较小，离土星远，轨道倾角大，轨道偏心率大，轨道运动顺向或逆向。

◆ 土卫六

1655 年被荷兰科学家 C. 惠更斯发现的最大土星卫星，太阳系的第二大卫星，其直径 5150 千米，比水星还大；其质量为 1.345×10^{23} 千克，平均密度为 1.880 克 / 厘米 ^{3}。土卫六环绕土星绕转轨道半长径为 1221850 千米，偏心率 0.0292，轨道平面与土星赤道面交角为 0.33°，公转周期 15 天 22 时 41 分 24 秒。土卫六的自转周期与公转周期相同，像月球那样"同步自转"。它是卫星中唯一有浓厚大气的，表面达 1.5 个大气压，而且主要成分是氮，有多环芳烃（PAH）——可能是生命前兆。由于浓密的大气雾霾笼罩而难见其表面，卡西尼飞船和探测器发回的图像和资料显示，它有很多类似地球的地貌——高地、平原、河床、陨击坑和火山丘等，那里现在是极其寒冷（表面温度 -179℃）的干涸冰原，有海洋湖泊地貌，过去发生过降雨，河床有液体流淌过，不过雨和液流不是水，而是甲烷和乙烷，"岩石"则是冻得很硬的水冰。火山则是冰火山，喷发的是水或氨－水"浆"。

◆ 土卫五

直径 1527 千米，是月球直径的 44%，而其质量是月球的 3%，密度约为 1.236 克／厘米³。这种低密度表明它是由大约 25% 的岩石（密度 3.25 克／厘米³）和 75% 的水冰（密度 0.93 克／厘米³）组成的。它是同步自转的，前导（面向土星）半球较亮，后随半球较暗背景是由亮的断裂长纹。全球冰表面是严重陨击的，陨击坑密布，也有显著亮辐射纹系的年轻陨击坑（直径 48 千米），还有两个大的（约 400 千米和 500 千米）陨击盆地，但未发现内成活动证据。

◆ 土卫八

直径 1470 千米，是月球直径的 42%，其质量是月球的 2.5%，更富冰。它的轨道面倾角较大（15.47°）。也是同步自转的，前导半球暗如沥青（反照率 0.03），而后随半球亮如雪（反照率 0.5），极区也很亮，有高 20 千米、几乎跨过整个赤道的脊，亮、暗表面都古老和严重陨击的，至少有 4 个大的（直径 380～550 千米）陨击盆地，小陨击坑众多，也未发现内成活动证据。

◆ 土卫四

直径 1123 千米，含硅酸盐比水冰多些。其表面大多部分是老而严重陨击的，也有广延的槽纹网，表明过去经历全球构造活动，甚至现在也是地质上活动的。

◆ 土卫三

直径 1062 千米，是水冰主导的冰卫星。其表面显著特征是前导半

球的大陨击坑（直径 400 千米）和广延（至少 270º）谷系。严重陨击的
多丘地貌占大部分表面。另半球有年轻的平坦小平原。

◆ 土卫二

直径 504 千米，其化学成分类似于彗星。其地貌复杂多样：老的严
重陨击区，有年轻的平坦亮区，有些"虎纹"状断裂发出水汽和尘埃喷
流，表明其南极区下面存在液态水，表面下潜在有全球海洋。

天王星

天王星是太阳系八大行星之一。它是英国天文学家 F.W. 赫歇尔于
1781 年 3 月 13 日用自制望远镜发现的，实际上，古代就已观测到它，
但误认为恒星了。它的西文名 Uranus 源自古希腊神话的天神，中文称
为天王星。虽然肉眼可见（视亮度为 5.9 ～ 5.32 星等），但因它离我们
远，视角直径仅 3.3″ ～ 4.1″，很难观测其面貌，经多年观测研究，尤
其飞船去探访，逐渐揭示它的真实情况。现在知道，天王星是比气体巨
行星（木星和土星）富冰的"冰巨行星"，其大气类似于木星和土星的
氢、氦大气，已知天王星卫星 27 颗，有多个细而暗的天王星环。

◆ 公转轨道和自转

天王星绕太阳公转轨道椭圆的半长径——平均距离为 19.2184
天文单位（AU），偏心率为 0.046381，近日距 18.33AU，远日距
20.11AU，轨道面和黄道面交角 0.773°，平均轨道速度 6.80 千米 / 秒，
公转周期（1 天王星年）为 84.0205（地球）年。自发现以来只过了 2.8

个天王星年。

天王星的自转很奇特，其赤道面与轨道面交角为97.77°，自转轴近于躺在轨道面上侧向自转。因此，每个天王星"年"（公转周期）中，它的两极分别朝向太阳，两极轮流约42（地球）年白昼，另约42年黑夜；也经历漫长的季节变化，例如，其北半球的冬至与南半球的夏至发生在1986年，北半球的夏至与南半球的冬至发生在2028年。

从天王星卫星上看天王星
（喻京川太空美术画）

类似于木星和土星，天王星也呈较差自转，不同纬度云的速度、因而相应自转周期不同，大气的可见特征运动更快——相应于自转周期14小时，而内部自转周期为17小时14分24秒，赤道自转速度为2.59千米/秒，只有其赤道区有以此周期的昼夜变化。

◆ **物理特性**

天王星的质量是地球质量的14.536倍。其形状为旋转椭球，赤道半径25556千米，极半径24973千米，扁率0.0229，平均半径25362千米。其表面重力加速度为8.68米/秒^2，逃逸速度为21.3千米/秒。其平均密度为1.27克/厘米^3，这表明它主要是由（水、氨、甲烷）冰组成的。从观测资料推算的天王星结构模型分为三层：岩石（硅酸盐/铁-镍）质星核，其半径小于0.2天王星半径，质量约0.55地球质量，密度约9克/厘米^3，中心压力800万巴（1巴=100千帕），温度约5000K；中层冰幔，厚度约 0.6 天王星半径，质量约 15.4 倍地球质量，冰不是通常意义，而是由水、氨和其他挥发物组成的热而密的流体；气体氢－氦包层，厚度大于 0.2 天王星半径，外部延续到大气，没有固态表面，上述的椭球"名义表面"半径是指气压 1 巴而言的。

它有广延的大气，自下向上可分为三层：对流层，从气压 100 巴到 0.1 巴，厚 350 千米，温度从底部 320K 往上降低到顶部 53K；同温层，从气压 10^{-10} ～ 0.1 巴，厚 3950 千米；外部是稀疏的热层，延展到 2 倍多天王星半径。大气的主要成分是分子氢、氦以及甲烷，各占体积的 83%、15% 和 2.3%。甲烷显著的吸收太阳可见光和红外光，因而天王星外貌呈青蓝色。对流层上部有甲烷冰晶云层，更深处也可能有氨和水云。浓密的雾霾层在云层之上，压力 0.13 巴的高度，使我们难从外面很难见到深部情景。近年使用新技术，获得天王星有类似海王星的云带和变化的特征，例如，哈勃空间望远镜在 2006 年得到天王星的暗斑图像。

◆ **磁场和磁层**

旅行者 2 号飞船探测表明，天王星的磁场是最奇怪的，其偶极磁场的两极磁性跟地球磁场相反，磁轴与自转轴交角异常大（约 58.6°），且磁轴中心偏离天王星质心向自转轴南极方向约 1/3 天王星半径，赤道表面的磁场强度为 0.23 高斯。天王星磁场的非偶极部分也较大，暗示磁场源于内部浅层。天王星磁场可能是热的高压中间层冰中离子流所产生。

天王星有磁层，朝太阳一侧弓形激波面离天王星中心达 20 天王星半径，磁尾延展几百万千米。由于磁轴与自转轴交角大，自转造成背太阳一侧磁力线螺旋式扭曲。由于大卫星轨道在磁层之内，卫星吸收一些捕获在磁层的质点。天王星磁场也捕获大量带电粒子（来自天王星高层大气的质子与电子），并在磁层中形成辐射带。

国际紫外探测卫星观测到天王星的紫外（发射）辉光。2011年，哈勃空间望远镜拍摄到天王星的罕见短暂（几分钟）极光。

◆ **空间探测**

截至2023年，只有"旅行者"2号飞船于1986年1月24日从天王星近距（离云顶81500千米）飞越时期的探测。测定天王星的大气的结构和化学成分，包括因特殊自转造成的独特气象；首次仔细考察它的五颗大卫星，发现10颗新卫星，考察已知的9个环并发现10个新环；也考察了天王星磁场和磁层的不规则结构；测定天王星的自转等情况。

天王星卫星

已知天王星有27颗卫星。天王星卫星系统是大行星中质量最小的，五颗主要卫星的质量加起来还不到海王星最大卫星海卫一质量的一半。天王星的卫星反照率相对较低，它们的成分是由大约50%的冰和50%的岩石组成的冰岩砾岩，冰中可能含有氨和二氧化碳。

天卫三（Titania）和天卫四（Oberon）是W. 赫歇尔在1787年3月13日发现的，以莎士比亚的"仲夏夜之梦"中人物命名。天卫一（Ariel）和天卫二（Umbriel）是W. 拉索尔在1851年发现的，命名来自英国诗人A. 蒲柏的诗《夺发记》（*The Rape of the Lock*）。天卫五（Miranda）是G. 柯伊伯在1948年发现的，命名来自以莎士比亚的《暴风雨》（*The Tempest*）。这五颗大卫星是同步自转的，即自转周期等于轨道周期，总以同一侧朝向天王星。其他小卫星是 1985 年之后由飞船和大望远镜发现的。它们可分为三组：大卫星 5 颗；内卫星 13 颗；不规则卫星 9 颗。"旅行者" 2 号飞船近距飞越，摄下它们的真面目，显示很多地质活动特征，且活动程度随它们离天王星由远到近而增加的趋势。它们的光谱仅有水吸收带，说明表面由脏冰组成。

天卫三的轨道半径为 436300 千米，轨道周期为 8.706 日。它是最大的天王星卫星，直径 1576.8 千米，质量 3.527×10^{21} 千克，密度 1.70 克 / 厘米 ^{3}。它表面反照率为 0.28，呈中性灰色，有多种地质特征：散布一些带有亮辐射纹（因而年轻）的陨击坑，也有几个直径 $100 \sim 200$ 千米的大陨击坑（盆地），直径 20 千米以下的陨击坑密布；有几片陨击坑少的较平坦平原；有一个复杂沟槽体系，断层和断裂跨过它直径的一半，大多断层呈分支交叉网、切割大陨击坑而又不受较小陨击坑改造，表明这是最年轻地貌。其地质演化十分复杂，早期大陨击坑被下面浸出的冰消减，后来的小陨击产生年轻陨击坑。几个区域又被内部新浸出的冰更新。内部冰的晚期冻结造成冰壳断裂，最后冻结成现在状况。

天卫四的轨道半径为 583500 千米，轨道周期为 13.463 日。其直径 1522.8 千米，质量为 3.014×10^{21} 千克，平均密度为 1.64

天王星及其六大卫星对比图

克 / 厘米 ^{3}。其表面反照率为 0.24，虽然光谱中有水冰特征，但暗表面说明暗色物质多。它表面的大陨击坑密布，说明较古老。依稀可见一些线性和弯曲的悬崖。有些陨击坑的底部很暗，可能是火山的暗熔岩填充了坑底。一对大陨击坑有亮辐射纹和坑内暗物质沉积，说明是最近陨击并触发火山活动。

天卫二的轨道半径为 266000 千米，轨道周期为 4.144 日。它的质量为 $1.17×10^{21}$ 千克，直径为 1169 千米，平均密度为 1.52 克 / 厘米 ^{3}。它表面反照率 0.19。其光谱上水冰特征弱，说明有较多的暗色物质。它表面密布大量陨击坑；有几个亮特征，最明显的是一个直径 80 千米亮环。缺乏地质活动特征。

天卫一的轨道半径为 190900 千米，轨道周期为 2.520 日。它的质量为 $1.35×10^{21}$ 千克，直径为 1175.8 千米，密度为 1.56 克 / 厘米 ^{3}。它表面反照率 0.40，大多区域散布老陨击坑残迹。许多大陨击坑已被融冰流侵蚀。全球断层体系破坏了陨击平原。最显著特征是窄而深的谷系。断层体系是内部冻结时造成的外壳扩张所产生。高纬区有零散陨击平原地貌，似乎冰物质泛滥覆盖和掩埋了老陨击坑而形成的。它是地质上最年轻的。

天卫五的轨道半径为 129900 千米，轨道周期为 1.414 日，轨道面对黄道面倾角为 3.4°。它的质量为 $6.58×10^{19}$ 千克，直径 471.6 千米，密度为 1.15 克 / 厘米 ^{3}。它表面有两种截然不同的地形：一种是严重陨击的起伏地形，反照率较均匀，陨击坑密集，因而是古老的，有挤压的褶皱，几个较大陨击坑的壁很陡，暴露出壳物质；另一种是大致环角状地形，周围是近似平行的交替亮暗带、悬崖和脊，陨击坑密度小因而较年轻。最奇特的是南极附近"不规则四边形"（诨名"肩章"），内有肩章式的角形特征，外边界以及内部的脊、带呈许多锐角；前导半球赤道南的"带状卵形"，其外边角大致圆的，暗带平行于边界；后随半球赤道附近的"多脊卵形"，其中央区有复杂的脊和沟交叉，被大致同心线形脊和沟的外带截断。也有巨大断层体系，沿断层暴露亮物质斑。多种特征说明地质上是活跃的。

天王星和它最大的六个卫星，从左向右依次是天卫十五、天卫五、天卫一、天卫二、天卫三和天卫四，其余卫星都很小，半径在 100 千米以下。内卫星很暗，反照率小于 0.1，它们和大卫星的轨道都在天王星赤道面附近，内卫星的轨道在发生变化，可能变为轨道交叉和相互撞击。外卫星在对天王星赤道面倾角很大、偏心率较大的长轨道上绕天王星转动，除了天卫二十三顺向外、其余的都逆向，它们可能是天王星形成之后俘获的。

海王星

海王星是太阳系八行星之一。19 世纪 40 年代，英国天文学家 J.C. 亚当斯和法国天文学家 U.-J.-J. 勒威耶根据观测到天王星的轨道数据各自独立计算了一颗未知行星的轨道根数，德国天文学家 J.G. 伽勒根据勒威耶预期的方位于 1846 年 9 月 23 日观测发现了该行星。欧洲天文界按以古代神话人物命名行星的传统称为 Neptune，意为"海王之神"，中国天文学家取其译名为海王星。至此，太阳系的领域从跨度 40 个天文单位扩大到 60 个天文单位。海王星亮度为 7.8 ～ 8.0 视星等，只有借助小型望远镜才能得见。

◆ 公转和自转

海王星与太阳之间平均距离约为 30 天文单位（AU）。海王星的轨道偏心率 e 小于 0.01。与太阳距离的变化幅度是：近日距 29.81AU，远日距 30.33AU。公转轨道和黄道的夹角 1.77°，比天王星的（0.77°）略大些。平均轨道速度 5.48 千米／秒，比天王星的（6.83 千米／秒）慢些。绕日公转周期 164.79 个地球年。从 1846 年发现之日算起，已满 1 个海王星年。自转一周 16 小时 6 分钟 36 秒，比天王星的（17 小时 14 分钟）略快些，但比木星和土星的自转速率慢。海王星赤道和公转轨道的倾角 29.56°，比土星的（26.73°）略大些，这也使地球上的观测者能够以较大的视角交替地看到南北两极，但轮回时间要长达 82 个地球年。

◆ 理化状况

海王星赤道半径 24764 千米，约为地球的 3.9 倍。椭率 0.017，比外形明显扁椭的木星和土星的（0.062 和 0.098）小，是 4 个类木行星中最近似球形的行星。质量约为地球的 17 倍。体积约为地球的 40 倍。平均密度 1.64 克／厘米^3，比天王星的（1.27 克／厘米^3）大，赤道半径（地球的 3.9 倍）虽然比天王星的（地球的 4.0 倍）略小些，但质量（地球的 17.1 倍）却大于天王星（地球的 14.5 倍）。在 4 个类木行星中，海王星的大小排第四，而质量排第三。由于其较大的质量，海王星被认为是形成柯伊伯带天体空间分布的最重要摄动天体。海王星的赤道表面重力加速度 11.00 米 / 秒 ^{2} 比天王星的（8.69 米 / 秒 ^{2}）大些。赤道逃逸速度 23.5 千米 / 秒，也比天王星的（21.3 千米 / 秒）略大。大气的主要成分是氢，其次是氦，还有少量的甲烷。海王星的邦德反照率 0.29，几何反照率 0.49，比天王星的（0.57）略小。大气上层接收的太阳热量为地球的 0.11%，气温是零下 210 ～ 220℃。据推测，内部结构也和天王星类似，大气之下有三层，最上是分子氢层，其下是冰层，内核则是岩态核心。除了自转轴的指向，海王星和天王星的其他天文特征、物理性质和化学组成都很相似，是太阳系内的孪生行星。

◆ **海王星环**

1984 年 7 月的一次海王星掩星的地基光学望远镜的观测资料显示，海王星有环系的迹象。1989 年 11 月，"旅行者" 2 号行星际探测器与海王星会合时，证实其确实存在。至此，太阳系的 4 个类木行星都确有固态颗粒组成的环系。已探测到共有 5 条环带，从里向外是伽勒环、勒威耶环、拉塞尔环、阿拉戈环和亚当斯环。最内环距行星中心 1.68 个行星半径，最外环距 2.53 个行星半径。最外侧的亚当斯环很暗淡，并且断裂形成 5 个弧段，其成因未知。

◆ **海王星卫星**

截至 2022 年已发现卫星 14 个。1846 年在发现海王星之后几周，英国天文学家 W. 拉塞尔搜索到海卫一（Triton）。百年之后，G.P. 柯伊伯于 1949 年发现海卫二（Nereid）。又过了 40 年，"旅行者" 2 号在拍摄海王星附近图像时搜索到海卫三至海卫八（Naiad、Thalassa、Despina、Galatea、Larissa 和 Proteus）。随着一小批口径 8 ～ 10

米的巨型光学 – 近红外望远镜的建成，沉寂 10 多年后又确认出三个前所不知的海卫，它们都极为暗弱，亮度为 24～25 视星等；最后在 2004 年又报道了哈勃空间望远镜观测到的 5 颗不规则卫星。海卫·直径 2700 千米，小于月球（3480 千米），但大于矮行星冥王星（2300 千米），为一个大型卫星。它沿圆轨道绕海王星运转，但运行姿态特殊，绕海王星运行的轨道与海王星公转轨道的夹角为 156.8°，以逆向即顺时针方向绕行。并由于海王星的赤道面与公转轨道面的倾角较大（29.56°），致使海卫一地面纬度 +56°～-56° 区间的日下点（即位于连接天顶处的太阳和海卫一中心的连线的海卫一表面上的一点）纬度产生巨大而复杂的周期变化，形成太阳系天体中最强烈的季节效应。此外，海卫一也具有和月球、伽利略卫星、冥王星等类似的同步轨道，即永远以同一半球朝向海王星。根据海卫一的轨道特征，推测它很可能是被海王星俘获的一个柯伊伯带天体。海卫二直径 340 千米，是一个中型卫星，其余的卫星都是直径小于 200 千米和只有几十千米的小天体。

◆ **空间探测**

　　"旅行者" 2 号行星际探测器于 1986 年探测天王星之后，在 1989 年飞临海王星。首次取得海王星、环系和海卫的近景图像。测量海王星的大气组成、温度和气压，发现巨大气旋"大暗斑"。测定磁轴倾角、磁场强度和磁层特征，证实环系存在。检测到六个新卫星，观测到海卫一的火山现象，确认海卫一是地球和木卫一之外第三个有火山活动的太阳系天体，还修订了有关行星质量、自转周期等的基本参数。

冥王星

冥王星曾被认为是太阳系九大行星之一，以及距离太阳最远的行星。1930 年，美国天文学家 C.W. 汤博照相巡天发现。天文界选中美国少年的提名定为"Pluto"，意为"地狱之神"，中国天文学家取其译名为冥王星。若从 1914 年曾记录到冥王星发现前的照片星象算起，到 21 世纪初的约 100 年间，它绕日公转仅走过一整周的 1/3 多，轨道行程的实测资料太少。直到 1978 年发现和冥王星环绕运行的卡戎星冥卫之前，关于冥王星的信息，无论是大小、质量、自转等基本参数，还是物理状态和化学组成，或是知之甚少，或是一无所知。只有当确认冥王星 – 卡戎星冥卫双天体系统后，才开启了认知之门。2006 年，根据国际天文学联合会颁布的《行星定义》将冥王星分类为矮行星。

◆ 公转和自转

冥王星与太阳之间平均距离为 39 天文单位（AU）。冥王星的轨道偏心率很大，e 约为 0.25，比八行星中最大的一个（水星）还大；远日距 49.3AU，近日距 29.7AU，比海王星的近日距 29.8AU 还小些。在冥王星公转一周期间内，约有 20 个地球年的时间距太阳比海王星还近些。公转轨道面和黄道面的夹角也很大，为 17.14°。冥王星可运行到黄道面之上 8AU 和之下 13AU

在冥王星卫星上看冥王星
（喻京川太空美术画）

的远处。平均轨道速度只有 4.75 千米／秒，比八行星中最慢的（海王星）还慢。公转周期长达 248 个地球年，比八行星中最长的还长。每隔 495 年，冥王星公转两周而海王星绕转三周，二者的平均轨道共振为 2 ：3。冥王星赤道面和公转轨道面的倾角 119.6°，按照国际天文学联合会的定义，属于逆向即顺时针方向自转。

◆ **卫星的发现**

美国天文学家 J. 克里斯蒂于 1978 年在视宁度极佳的天气条件下分辨出距冥王星 0.9 角秒的卡戎星的星象，当时二者的亮度分别是 15.9 和 17.3 视星等。根据冥王星－卡戎星冥卫双星系统的观测资料推算出二者的基本参数：平均半径 1150 千米和 625 千米。根据 2015 年美国航空航天局（NASA）新视野号航天器的观测资料，冥王星和卡戎的半径分别更新为 1188 千米和 606 千米。冥王星的半径约为地球的 1/6，比月球还小。冥王星和冥卫的星心距离为 19591 千米，约合 17 个冥王星半径。质量分别是地球的 2.2% 和 0.3%。密度约为 2.0 克／厘米^3 和 1.7 克／厘米^3，而地球和月球分别为 5.52 克／厘米^3 和 3.34 克／厘米^3。冥王星的表面重力加速度为 0.63 米／秒^2，赤道逃逸速度 1.1 千米／秒，是名实相符的矮行星。2005 ～ 2012 年，利用哈勃空间望远镜又发现了另外四个只有几十千米大小的小卫星。

冥王星自转周期是 6 个地球日 9 小时 18 分钟，而卡戎星冥卫的绕转周期和冥王星自转周期同步，也是 6 日 9 小时 18 分钟。卡戎星冥卫不仅总以同一半球朝向冥王星，冥王星也同样总以同一半球面对卡戎星冥卫的同一半球。此外，面对卡戎星冥卫的冥王星半球上，卡戎星冥卫总是呈现在天球中的同一方位；背对卡戎星冥卫的冥王星半球上和背对冥王星的卡戎星冥卫半球上，彼此永不相见。这一特殊天象在太阳系中是唯一的。地球上的观测者在冥王星公转进程中，会看到卡戎星冥卫的绕转轨道面的指向变化。每隔 124 个地球年，即在冥王星公转半周期间，在五个地球年期间，面对冥王星轨道的侧向，交替地观测到冥王星和卡戎星冥卫在彼此的圆面前和圆面后通过。1985 ～ 1992 年正逢这一难得一见的天象出现，通过观测取得了二天体的直径、椭率、密度、表面成分、反照率等基本资料。

冥王星接受的太阳热量相当于地球的 0.06%。表面温度 -230 ～ -220℃。拥有稀薄大气，表面的气压约 30 微帕。大气的主要成分是氮、甲烷等。邦德反照率 0.72，几何反照率 0.52。

水内行星

水内行星是设想存在于水星轨道以内的行星。曾称祝融星（Vulcan）。19 世纪中叶发现水星的近日点有每世纪约 43 角秒的反常进动，遂推测起因于水内行星的摄动。20 世纪初相对论问世后，完满地解释了水星近日点进动现象。地基天文台和空间天文台的观测和搜索均表明不存在水内行星。

X 行星

X 行星是设想中存在的太阳系第十大行星，又称冥外行星。1930

年发现冥王星后，由于质量太小，它的摄动力不足以产生海王星轨道运动的计算值和观测值的偏差，所以认为在冥王星之外还存在一个行星。从 20 世纪 30 年代起，美国洛韦尔天文台开始旨在发现冥外行星的探寻。经过近 40 年的搜索在黄道带附近没有观测到任何亮度超过冥王星亮度 1/10 的环绕太阳运行的天体。1989 年"旅行者"2 号行星际探测器飞掠海王星，考察并订正了它的若干基本参数。此外，到那时已积累了海王星自 1846 年发现以来绕日公转将近一整周的运行观测资料。如今，它的轨道运动的计算值和观测值的不吻合度已大为减小，假设存在一个冥外行星的必要性也已降低。21 世纪以来，利用大型光学望远镜相继在海王星轨道外侧发现了几个与冥王星大小相当的天体，如赛德娜（Sedna），以及阋神星（Eris，曾用名齐娜 Xena，临时编号 2003 UB313），它们的共同特征是公转轨道相当扁椭，且与黄道面倾角很大。现在认为它们都是柯伊伯带天体。2006 年按照新的《行星定义》，冥王星和阋神星都属于矮行星，从此 X 行星的"X"也不再具有"第十"的寓意。

柯伊伯带外缘发现了十数个与赛德娜轨道类似（轨道近日点距离大、偏心率高、轨道倾角高）的天体，并且它们的轨道近日点角距也有集中于较小范围的倾向，这些天体的奇特轨道分布特征可以用海王星轨道之外存在另一颗行星来解释，人们称之为"第九行星"（Planet 9）。摄动理论计算和数值模拟给出了该"行星"质量大约为 6.3 倍地球质量、半长径大约在 460 天文单位（2022 年估计值）。也有天文学家认为上述天体的轨道分布特征并不具有统计上的显著性，而如此大质量行星在如此大的轨道上存在的合理性也不充分，因而倾向于认为不存在第九行星。

小行星

小行星是沿近圆或椭圆轨道环绕太阳运行，没有彗星活动特征，大小从米级到几百千米级的岩质小天体。它们的绝大多数分布在火星和木星轨道中间的小行星主带中，与具有活动性的彗星同属于太阳系小天体。

传统上小行星对应的英文名为 asteroid，包括近地小行星、越火小行星、主带小行星与木星 - 特洛伊群小行星。随着越来越多木星轨道外的小天体相继发现，小行星的定义开始变得复杂。在 2006 年国际天文学联合会大会上，已重新定义 minor planet 为包括传统的小行星，半人马天体和海王星外天体在内的太阳系小天体。在中文里 minor planet 也不做区分直接翻译为小行星。如果一颗小行星被发现具有活动性，它也可按彗星的命名规则来做二次命名。

◆ **发现**

自从经验地描述大行星与太阳距离的提丢斯 - 波得定则于 18 世纪 70 年代提出以后，火星和木星的公转轨道之间是否存在未知天体的问题开始为天文学家所关切。1801 年意大利天文学家 G. 皮亚齐在用望远镜目视观测时发现一颗在天球上移动的天体。经过轨道计算表明，它是位于火星和木星轨道之间的行星，但亮度仅 7 ～ 8 视星等。后又推算出直径不足 1000 千米，和当时已知的任一行星都相差太大，遂称为 "小行星"。1802 年德国天文学家 H.W.M. 奥伯斯发现第二颗，1804 年德国天文学家 K.L. 哈丁观测到第三颗，1807 年奥伯斯又发现了第四颗，它们也都是使用望远镜沿黄道带目视巡天所得。天文学家从而认识到，正如波得定则所预示，火星和木星轨道之间的空区，确实还有环绕太阳运行的天体。19 世纪下半叶，由于天文观测中引进照相方法，到 1900 年已发现的小行星增至 450 颗，到 1950 年总数达 1600 颗。1994 年以来，组建了国际间的小行星搜索网，采用效率更高的探测组件，使用计算机控制和管理望远镜并主持观测、搜索、发现、计算轨道和验证等全部巡天程序，推动了小行星观测和发现事业的发展。到 2021 年 12 月，已发现的小行星总数达 114 万颗，有永久编号的达 60 万颗。

◆ 命名

在发现 4 颗小行星后，西方天文学家按照大行星以古代神话中的神灵为名的传统，也将小行星冠以罗马神话中的女性小精灵之名。它们是谷神星（1 号小行星，现被归类为矮行星）、智神星（2 号小行星）、婚神星（3 号小行星）和灶神星（4 号小行星）。这一命名传统一直延续到 19 世纪 80 年代，随着新发现的小行星总数超过近 300 个，神话人物所剩日减而不敷选用。经国际天文界协商，新的命名由有命名权的发现者（天文学家或天文台站）自行取名。如张衡（1862 号）、郭守敬（2012 号）、牛顿（8000 号）、

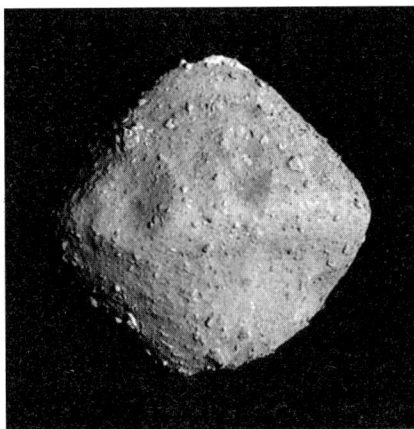

日本"隼鸟"2 号拍摄到的近地小行星（162173）的光学图像

哈勃（2069 号）、莫扎特（1034 号）、中国科学院（7800 号）、南京大学（3901 号）、北京大学（7072 号）、小行星命名辞典（19119 号）、联合国（6000 号）、北京（2045 号）、美国国家航空航天局（11365 号）、CCD 组件（15000 号）等。1995 年国际天文学联合会下属的小行星中心颁布了新修订的命名管理法则。新的发现或疑似发现后，由小行星中心给予"暂定编号"，如 1998 CZ6。在新发现的小行星获得至少 4 次回归观测资料（对于近地小行星可减少至 3 次甚至 2 次）并测定精确轨道之后，再给予"永久编号"，如 20146 号小行星。与此同时，发现人或发现单位可获得命名权。

◆ 形态结构

由于小行星的尺寸较小，引力不足以克服固体应力以达到流体静力学平衡，因此小行星一般呈现不规则形状。例如中国由"嫦娥"二号首次完成的飞越小行星探测任务拍摄到了近地小行星（4179）Toutatis 的光学图像，结果表明该小行星为一颗由两部分连接在一起构成的具有双瓣结构的小行星，称为双瓣小行星或接触双小行星。另外，有些小行星，特别是近地小行星，其形状呈现陀螺型，这类小行星一般具有较快的自转速率，如日本"隼鸟"2 号任务的探测目标近地小行星（162173）Ryugu 就是此类。此外，有些小行星类似地球一样具有一颗自己的卫星，这种小行星系统称为双小行星。

第 **4** 章

彗星

　　彗星是一种含有冰冻物质的小天体，当运行在临近内太阳系或太阳附近空间时，受到太阳辐射和太阳风的影响，其冰冻物质发生升华带出尘埃形成弥散的彗发或彗尾。彗星俗称扫帚星，中国古代对彗星还有其他称谓，如孛星、星孛、妖星、蓬星、长星、异星、奇星。

◆ 认识历程

　　19 世纪以前，彗星一直是令人畏惧的天象和不祥的征兆。中国古代认为带有长尾的大彗星的出现总是重大事件的警示。历代的史官和钦天监在史书中，还有地方志内，记录了连续 2000 多年间出现的彗星动态。如哈雷彗星于公元前 613 年的出现，以及随后从公元前 240 年起到 1910 年的连续 29 次回归，均有实时的如实记载；而公元前 1057 年的大彗星还可能是更早的一次回归实录。伽利略、J. 开普勒、I. 牛顿、E. 哈雷等是最早科学地描述彗星运动的先驱者。为认识彗尾本原作出重大贡献的天文学家先后有 H.W.M. 奥伯斯、F.W. 贝塞尔、G.V. 斯基亚帕雷利、

K. 史瓦西等人。而后，P. 斯文思、F. 惠普等天体物理学家对了解彗星的物理结构和化学组成都取得突出成就。

◆ **发现和命名**

天文望远镜发明之后，天文学家和天文爱好者都是用望远镜目视寻彗。1892 年开始利用天体照相仪发现和观测彗星等快速移动的天体。20 世纪末，则演进到借助配备 CCD 辐射接收装置和计算机程序管理的大视场望远镜自动搜索彗星和其他移动天体。天文学史中传统地以发现者的姓氏命名，如哈雷彗星、恩克彗星、坦普尔－图特尔彗星。1995 年，国际天文学联合会（IAU）颁布现行的彗星命名法。首先用前缀为彗星分类：

P/——周期小于 200 年的短周期彗星，C/——周期大于 200 年的长周期彗星，X/——尚不能计算出轨道的彗星，A/——可能是小行星，D/——不再回归的彗星

在前缀之后用 4 位阿拉伯数字表示发现年份，如 1997。随后是发现时的月份，用大写拉丁字母，从 A 到 Y，其中 I 不用。如 B（1 月下半月）、L（6 月上半月）、Y（12 月下半月）。再后是用阿拉伯数字表示的发现累计号，如 1994J3 是指 1994 年 5 月上半月发现的第三个。最后是括号之内的发现者姓氏，如 C/1996B2（百武）。对于短周期彗星还有另一种表示法，即在前缀之前加上彗星表顺序号，如 1P/Halley、36P/Whipple、83P/Wild 3、145P/Shoemaker-Levy 5。

◆ **轨道**

周期小于 200 年的短周期彗星，其轨道为椭圆形，偏心率相对较小，

其中对于轨道特征与主带小行星相似（火星与木星之间），具有类似彗星活动性，且活动性由水冰升华驱动的天体称为主带彗星；对于轨道周期大于 200 年的长周期彗星，其轨道也为椭圆轨道，但偏心率较高，轨道周期从 200 年至数千乃至百万年不等；还存在一类彗星偏心率大于 1，轨道为双曲线的彗星，此类彗星包括长周期彗星和 2019 年发现的星际彗星。此外，彗星受巨行星，主要是木星的引力扰动，它们的轨道也在不断地演变，甚至不同轨道类型的彗星可以相互转化。

◆ **亮度**

亮度用星等表示。因彗星并非点源，所以通常用 M1 表示总目视星等：

$$M_1 = H_0 - 5\lg\Delta + 2.5n\lg r$$

式中 H_0 为 1 个天文单位距离处的亮度；Δ 为彗星 - 地球的距离；r 为彗星 - 太阳的距离；n 为一个系数，通常等于 3 ～ 4。

◆ **结构**

彗星通常分彗核、彗发和彗尾 3 个组成部分。彗核：根据探测，彗核的直径在几百米和几十千米之间，平均密度 0.6 克 / 厘米^3，为高度渗透性多孔而松散的物质，色黑灰，典型的反照率为 0.04。彗发：根据分光观测，彗发中的主要原子和离子为 CN、CH、C_2、C_3、NH、NH_2、OH、CO^+ 等。彗尾：按物态有气体尾和尘埃尾之分，气体尾的主要成分是 H_2O^+、CO^+、CO_2^+、OH^+ 等。

◆ **起源**

根据彗星的轨道特征，研究认为奥尔特云是长周期彗星的发源地；

短周期彗星则出自柯伊伯带 / 离散盘（海王星外侧的盘状区域）；主带彗星的起源地是小行星主带；星际彗星的起源地为太阳系外的星际空间。

◆ 空间探测

发射探测器对彗星进行空间探测始于 20 世纪 80 年代，截至 2022 年，已发射 14 艘探测器对彗星进行了空间探测。1986 年，哈雷彗星回归时曾有 5 个飞行器对其进行了空间探测，其中欧洲空间局的"乔托"号取得的近距观测资料最为丰厚。1999 年，"星尘"号探测器升空，2001 年飞临周期彗星怀尔德 -2(Wild-2) 附近，用特定研发的设备俘获了彗星挥发的尘埃物质。"星尘"号于 2005 年携带彗星尘埃存储器回归地球。2005 年 1 月，发射了"深度撞击"探测器，于当年 7 月飞临周期彗星坦普尔 -1，释放重量 372 千克的金属锤，以 20 千米 / 秒的相对速度撞击彗核，实现了深度撞击彗星，以期了解彗核地表下层的状况。星尘后继（Stardust-Next）计划是星尘号的后续计划，目标天体仍是 9P/Tempel 1，飞越彗星的时间是 2011 年 2 月 14 日，距离彗星的最近距离是 178km。主要科学目标是，加深对彗核表面过程的认识。EPOXI 是美国深度撞击计划的扩展计划，目标是探测彗星哈特雷 2 号（103P/Hartley 2），飞越彗星的时间是 2010 年 11 月 4 日。最著名的彗星探测计划是 2004 年 3 月 2 日发射的"罗塞塔"彗星探测计划，探测目标是彗星 67P/Churymov-Gerasimmenko，该计划是人类第一颗在彗星上进行着陆探测的彗星空间探测计划。

哈雷彗星

　　哈雷彗星是一个回归周期约为 76 个地球年的短周期亮彗星。是第一个被认为具有周期性的彗星。1705 年，英国天文学家 E. 哈雷分析了 1531 年、1607 年和 1682 年出现的大彗星的轨道，判断三者为同一彗星的再现，并预期将于 1758 ～ 1759 年再次回归。后来此彗星果然如期而至，后人遂称之为哈雷彗星。哈雷彗星的回归周期约为 76 个地球年。

　　中国古代最早的哈雷彗星记录为公元前 613 年（春秋鲁文公十四年）。之后，中国天文学家从公元前 240 年至公元 1910 年连续 29 次观测到哈雷彗星回归，均有实时实录。最近的一次回归是 1986 年，下一次将是 2061 年。哈雷彗星的轨道为一偏心率为 0.967 的椭圆；近日距 0.59 天文单位，位于水星和金星轨道之间；远日距 35.08 天文单位，在海王星轨道以外。哈雷彗星最亮时，亮度达 1 星等；彗尾最长时，视角超过 140°，横跨大半个夜空。哈雷彗星是第一个被航天器详细探测的彗星，1986 年回归期间共有 5 个行星际飞行器实现了空间探测，其中欧洲空间局的"乔托"探测器，近距离取得彗核大小（马铃薯状，长径 15 千米，短径 8 千米）、地貌、反照率（0.04）、自转（周期 2.2 地球日）、结构（碎石堆）、质量（$2.2×10^{14}$ 千克）、密度（0.6 克 / 厘米^3）、组成（80% 为水，10% ～ 17% 是一氧化碳，3% ～ 4% 是二氧化碳，还有碳氢化合物、尘埃颗粒等）、活动（气体喷流和尘埃喷流）等数据和信息。

第 5 章

陨石

　　陨石是来自行星际空间、穿过地球大气层烧蚀后而残留下来并降落到地面的地外固体物质。除从月球取回的约 384 千克月岩和月壤样品，以及探测器采样返回的小行星颗粒、彗星尘埃和太阳风粒子外，陨石是人类唯一获得的来自地球之外的样品，是可直接在实验室进行分析以认识太阳系形成与演化的窗口。虽然每天降落到地球的地外物质为 100 ～ 1000 吨，但大约只有 1% 可降落到地面成为陨石，绝大部分在穿过大气层时已经燃烧殆尽；而能被发现并回收的陨石则更少，因为很多陨石常常陨落于海洋和人迹罕至的极地、沙漠、高山与森林。因此，陨石是非常稀少而珍贵的科学资源。

　　◆ 命名

　　陨石通常以其降落地（或发现地）命名。但南极与非洲沙漠等地区，以回收的地区、年代与回收顺序依次排列命名。如 1998 ～ 1999 年夏季中国第 15 次南极考察队在格罗夫山地区发现并收集的 4 块陨石的编号为 GRV9801、GRV9802、GRV9803 与 GRV9804；最早被公认为月球陨石的 Allan Hills 81005（简写为 ALH 81005）表示 1981 年发现于南极艾伦丘（Allan Hills）地区的第 5 块陨石。有的地区发现较多的陨石，对学者们来说达到了"耳熟能详"的程度，于是采取了简写的方式，如西北非洲（Northwest Africa）和利比亚的达拉尔加尼（Dar al Gani）地区已被分别简写为 NWA 与 DaG。

◆ 陨落过程

现代研究表明，当流星体高速冲入地球大气层时（相对于地球的速度为 15 ～ 75 千米 / 秒），其前端使空气受到强烈压缩，形成极强的冲击波，陨星表面和周围空气温度陡升到几千摄氏度甚至上万摄氏度，使陨星表面的物质熔化和气化。陨星以很高速度往前冲，与地球大气的分子激烈碰撞而发光，形成耀眼的火球，称为火流星。火球一般在 135 千米以下的高度开始发亮，在距地面 10 千米时消失。在火球消失后的一至数分钟内，地面上即可听见霹雳般的爆炸声和雷鸣声。有时地震仪能记录到较大陨星的冲击波信号和陨星落地时的震动信号。

陨星在高速降落过程中常常发生爆裂。爆裂后的碎块落向地面形成"陨石雨"。1976 年 3 月 8 日 15 时陨落在中国的吉林陨石雨就是一次世界闻名的大规模陨石雨。

陨星降落时强大的冲击波撞击地面，形成的坑穴称为陨击坑。大多数陨石质量不大，陨落时受到大气的阻力，落地前的速度大为减小，一般为每秒几十米到 300 米，因此不能形成陨击坑。而当一个非常大的陨星与地球相遇时，则会在瞬间释放出来巨大的能量，将大部分陨星物质和撞击点附近的地面物质粉碎甚至气化，形成一个相当大的陨击坑外，还把大量的地球物质熔化成滴粒状，散落到地面，成为玻璃陨石的来源；在形成陨击坑时，还会直接影响到地质构造，甚或触发地下深处的岩浆活动。

◆ 特征

陨石的大小不等，形状各异。既有重达几吨、十几吨或数十吨的，也有豌豆粒大小的，重量只有 1～2 克，甚至更小。虽然很小，却也是完整的陨石。陨石的形状各种各样，有钝圆锥状、多面体状、椭球体状、扁球形，以及各种不规则的形状。

一般来说，铁陨石质地坚硬，陨落时不易破裂，因而比石陨石的"个头"要大，最大的铁陨石是非洲纳米比亚的霍巴陨铁，重约 60 吨；其次是格陵兰的约克角 1 号陨铁，重约 33 吨；中国新疆大陨铁，重约 30 吨。世界上最大的石陨石是中国吉林 1 号陨石，重 1770 千克；美国的诺顿 – 富尔内斯陨石，重 1079 千克；美国长岛陨石，重 564 千克。

陨石的外观常常有一层很薄的（不到 1 毫米）的黑色或深褐色熔壳，是陨星在陨落过程中由于高温使表面熔化，在速度降低时冷却凝固而成。陨石的另一特征，就是表面有许多像河蚌壳、指印状的小凹坑，这是陨星与高温气流相互作用烧蚀留下的痕迹，称作气印。可以根据气印的排列状况和熔壳上熔凝物质流动的痕迹来判定陨星降落时在大气层

新疆铁陨石

中飞行的方位。陨石的密度一般要比地球上常见的岩石大。在新鲜断面上，有时能见到闪闪发光的金属颗粒和金黄色的硫化物细粒，大多数石陨石中还能看到许多小球粒。铁陨石有如人工冶炼的铁块，常有灰色的熔壳；铁陨石新鲜断面上可见黄色的硫化物包体，将其磨平抛光能见到非常漂亮的金属结构。

截至 2022 年 9 月，全世界获得国际陨石学会正式命名的各类陨石有 70105 个，其中 95% 以上为石陨石。近年来地球上找到陨石最多的还是南极洲，仅 2003 年，中国南极科考队就在南极洲找到 4448 块各类陨石。

◆ **分类**

按矿物组成、化学成分和岩相结构可将陨石分为三类：石陨石、铁陨石和石铁陨石。

石陨石

主要由硅酸盐矿物组成，含有少量铁－镍金属和硫化物。石陨石是最常见的陨石，按目睹降落的陨石次数统计，约占全部陨石的 92%。根据结构，石陨石又可分为球粒陨石与无球粒陨石，其中球粒陨石约占84%。球粒陨石含有许多球状颗粒。颗粒直径从几十微米至几毫米。球粒结构是地球上的岩石中所没有的特殊结构。球粒主要由橄榄石和辉石颗粒组成，球粒之外的基质是不同结晶程度的橄榄石、辉石、长石、铁－镍金属和陨硫铁等。

按照化学成分和矿物组成，球粒陨石分为 3 个化学群：E 群（顽火辉石球粒陨石）、O 群（普通球粒陨石）与 C 群（碳质球粒陨石）。

普通球粒陨石又分为 3 个亚群：H 群（高铁群，橄榄石－古铜辉石球粒陨石）、L 群（低铁群，橄榄石－紫苏辉石球粒陨石）、LL 群（低铁低金属群，橄榄石－易变辉石球粒陨石）。碳质球粒陨石根据所含水、硫、碳与特征元素比值（Fe/Si、Mg/Si、Al/Si）等又分为 CI、CM、CO、CV、CB、CH、CK、CR 等多个亚类。

无球粒陨石是一种不含球粒的粗粒晶质陨石，酷似地球上的玄武岩和纯橄榄岩类岩石。它所含的橄榄石比球粒陨石少，长石一般含有丰富的钙。

铁陨石

又称陨铁，主要由金属铁与镍组成，含少量铁的硫化物、磷化物和碳化物。地球上自然铁中镍的含量不超过 3%（一般在 1% 以下），而铁陨石中的镍含量都在 5% 以上。铁陨石中铁纹石含镍 4% ~ 7%，镍纹石含镍 20% 以上。将铁陨石切割抛光并用稀硝酸蚀刻，大多会出现一种特殊的花纹——维斯台登像（这种花纹仅见于八面体铁陨石）：铁纹石的发亮细条带与镍纹石条带交叉组成网格状花纹。

铁陨石中常见的矿物是铁纹石、镍纹石与陨硫铁等。地球上的自然铁没有维斯台登像。学界对维斯台登像的形成机制尚有争议，其共识是金属中的镍含量是关键因素，同时与某些微量元素（如磷、硫等）的含量和金属的冷却速率有关。

石铁陨石

介于石陨石和铁陨石之间的过渡型陨石，主要由硅酸盐矿物和铁－镍金属组成，分为橄榄陨铁和中铁陨石两类。

◆ 化学成分、矿物成分和有机物

化学成分

组成陨石的近百种化学元素与组成太阳、地球、月球等太阳系天体的化学元素是一致的，但各元素的比值不同。无球粒陨石的化学成分与地球上的超基性岩和基性岩的化学成分相近，而其他类型陨石的化学成分与地球岩石差异较大。陨石的矿物、化学、同位素组成及成因的研究表明，CI 型碳质球粒陨石的元素丰度可能代表太阳系的平均丰度（氢、氦等挥发性元素除外）。

矿物成分

陨石中的原生矿物主要有以下几大类：自然元素类（石墨、金刚石、自然铜、自然硫等），合金（镍纹石*、铁纹石、四方镍纹石*、铁镍矿等），硅酸盐类（辉石、橄榄石、长石、角闪石、蛇纹石等），氧化物类（石英、鳞石英、方英石、磁铁矿、尖晶石、铬铁矿、褐铁矿、钛铁矿等），硫化物类（陨硫铁、黄铁矿、闪锌矿、黄铁矿、斑铜矿、墨铜矿、陨辉铬矿*、镍黄铁矿等），磷酸盐类（陨磷钙钠石、磷铁锰矿、氯磷灰石等），硫酸盐类（石膏、泻利盐、黄钾铁矾等），碳酸盐类（方解石、白云石、菱镁矿等），氯化物类（陨氯铁），碳化物类（碳硅石、镍碳铁矿等），硅化物类（等轴硅镍矿），氮化物类（氮钛矿*），磷化物类（磷铁镍矿等），以及氢氧化物类（针铁矿与纤铁矿）等。

据 A.E. 鲁宾于 2017 年发表的综述文章报道，陨石中的矿物种类达 435 种之多；随着显微分析技术的进步，在 1997～2017 年，陨石中发现的新矿物有 145 种，且绝大部分仅见于陨石。这类矿物除上述有 * 号的矿物外，还有六方金刚石、硅氮氧矿、氮铁镍矿、硅磷镍矿、硅铁矿、硫铁钛矿、陨辉铬铁矿、硫镁矿、硫铬矿、硫钠铬矿、铬镁硅矿、陨尖晶石、陨碱铁硅石、陨碱镁硅石、陨碱铝镁硅石、陨镁铁榴石、硅氮氧矿、镁铁钛矿、磷镁石、镁磷钙钠石、磷镁钠石、磷镁钙石、磷钠钙石、陨磷镍铁矿、磷铁镍矿、陨氯铁，以及涂氏磷钙石等。

　　陨石矿物比地球上已发现的矿物（3000 多种）少得多，主要矿物与地球上某些岩石的矿物组成没有太大的差别。但是，陨石毕竟处于与地球不同的环境，矿物形成的条件一般是在比较缺水和偏于还原的条件。因此，陨石矿物中很少见到氢氧化物和 Fe^{3+} 的化合物。有些陨石矿物在特殊条件下会改变矿物的结构相。有些矿物虽然在陨石与地球上都有产出，成分也一样，但由于温度与压力条件的不同而成为两种矿物，如陨石中常见的陨硫铁，在地球条件下则生成磁黄铁矿。

有机物

　　20 世纪 70 年代初，美国科学家在两块碳质球粒陨石中首次发现并证实了有机化合物的存在。在陨石（主要是碳质球粒陨石）中已发现60 多种有机化合物。这些有机化合物是在原始太阳星云凝聚的晚期，于低温和富含挥发成分的环境中合成的。多数人认为这些有机化合物属于非生物合成的"前生物物质"。研究表明，地球形成时也有大量的有机化合物加入，但后期复杂的地质过程使这些有机物难于辨认，而陨石母体却保存了"襁褓时期"的有机化合物。有些人认为在星云中的放电过程或在强的紫外辐射条件下，星云中的 CH_4、H_2O、NH_3、H_2 等有可能合成氨基酸和其他有机化合物。也有人认为由于太阳风或宇宙射线的作用，星云中尘埃表面俘获的星际有机分子进一步演化，形成复杂的有机化合物。

◆ 陨石年龄

根据不同的演化阶段，陨石年龄可分为形成年龄、暴露年龄与降落年龄等。

形成年龄

陨石母体的凝固年龄，又称晶化年龄。实际上也就是陨石母体凝聚的年龄。陨石素有太阳系"考古"标本之称，因而测定陨石的形成年龄对太阳系演化的年代学研究有极其重要的意义。陨石中铀－铅、钍－铅、钾－氩、钐－钕和铷－锶的同位素组成所测得的陨石凝结年龄（45.7±0.3亿年，约略为 45 亿～ 46 亿年），被视为太阳系各行星形成的年龄。陨石中 ^{40}Ar-^{39}Ar、K-Ar 和 U-He 年龄与 U-Pu 径迹年龄的测定，可以确定陨石母体中稀有气体 Ar、He 的保存年龄和矿物中径迹保存的年龄，为探讨陨石母体的大小、行星和陨石母体的热变质历史与内部的冷却历史提供了有效的方法。

暴露年龄

陨石脱离母体后在宇宙空间暴露于宇宙射线辐照下的年龄，又称辐照年龄。即陨石在行星际空间运行的时间，又称宇宙暴露年龄。各类陨石的暴露年龄各不相同：石陨石一般为 200 万～ 8000 万年；铁陨石一般超过 2 亿年，铁陨石的暴露年龄差异更大，从 400 万年到 23 亿年。从陨石的暴露年龄可以了解陨星在太阳系空间运行的某些轨道要素。陨石暴露年龄的频谱和月球各种月坑的暴露年龄（月坑的形成年龄）的频谱，描绘了太阳系空间碰撞事件的某些规律。

居地年龄

陨星陨落到地面成为陨石到被发现的时间。又称落地年龄或陨落年龄。很多降落在荒无人烟地区的陨石都不知道落地年龄，特别是南极冰层中的陨石，不同降落年龄的陨石常常混杂在一起。查明其降落年龄既可鉴别出"成对"或"成群"陨石，又有助于探讨冰层的移动方向与速度。

◆ 陨石与太阳系演化

一百多年来，运用科学方法对陨石开展了多学科的综合研究。尤其在现代，应用新的实验手段，如中子活化、电子探针、离子探针、质谱仪等，获得大量陨石研究的新资料，有力地促进了太阳系起源和演化的研究。

太阳系物质来源

陨石中的氧、镁、钙、锶、钡、钕、钐、碲、铀和各种稀有气体同位素组成有明显的异常。其原因可能是当星云在凝聚形成行星和陨石母体时，有邻近超新星爆发产物的进入"污染"了星云；也表明星云中可能残存着"前太阳"的成分，而星云的分馏、凝聚过程又没有稀释或消除这种影响。因此，太阳系的物质来源有可能不是单一的。

一般认为，组成 CI 型碳质球粒陨石的物质是太阳系中最原始的物质。许多碳质球粒陨石的富含难熔相的包体矿物中也发现 ^{26}Mg 有不同程度的异常。^{26}Mg 是由 ^{26}Al 衰变而成的，矿物中 $^{27}Al/^{24}Mg$ 值与 $^{26}Mg/^{24}Mg$ 值呈明显的正相关关系。一种模型认为 ^{26}Al 不可能是太阳系元素形成时的残留，而是星云凝聚形成陨石包体时，由邻近超新星爆发而产生的，注入星云后使富 Al 矿物中的 $^{26}Mg/^{24}Mg$ 值增高。

有些学者研究了陨石、月球和地球物质中的 $^{17}O/^{16}O$ 与 $^{18}O/^{16}O$ 后指出，碳质球粒陨石有相对过剩的 ^{16}O。^{16}O 组成的异常可能与太阳系外物质的加入或 / 和太阳系早期的光化学反应有关。根据氧同位素的研究，可以将太阳系物质分为六种不同的来源。在一些陨石中还发现 Sm、Nd、Ba、Sr 同位素组成的异常及 Xe 同位素的"V"型异常，说明陨石中确实存在过某些"已灭绝"的元素，如 ^{244}Pu 与 ^{243}Am 等。

星云凝聚过程

陨石的研究还描绘了星云的凝聚过程：最早是难熔元素及其氧化物的凝聚，接着是钙、镁硅酸盐和铁镍金属凝聚。碱金属硅酸盐大约在 1100K 时凝聚，680K 开始有硫化铁凝聚，400K 时形成含水硅酸盐；温度再降低时则凝聚出水、干冰等物质。

行星化学演化

通过对微量元素的研究，得知一些行星、月球及某些陨星形成时的温度：水星约 1400K，金星约 900K，月球 650～700K，地球约 560K，火星约 480K，木星可能为 220K；普通球粒陨石中 H 群约 570K，L 群约 455K，LL 群约 450K；碳质球粒陨石低于 400K。

陨石母体、月球和类地行星内部的化学演化过程主要与质量和初始化学成分有关，大致可以分为三种类型。①陨石母体型（小行星型）。由于质量小，内部积累的能量少且散失快，因而陨石母体内部一般难于产生局部熔融，也不发生构造岩浆运动，难于分化出核、幔和壳层结构。元素在陨石母体内的移动仅以固体扩散（热变质过程）方式进行。热变质温度一般小于 1000℃。②火星－水星－月球型。它们在形成后的 10 亿～20 亿年间由于积累的能量相当高，内部发生了局部熔融，并产生剧烈的构造岩浆运动。亲铁元素和 FeS 在深部富集形成核及幔的一部分，而较轻的亲石元素在表面富集组成幔的一部分和壳。形成 20 亿年后，一般没有大面积的火山喷发，逐渐演化成为内部僵化的星体。大气层一般都很稀薄。其外貌特征是由古老的火山作用和陨星冲击所致。③地球－金星型。在形成 46 亿年以来的漫长岁月中，星体内部物质不断产生局部熔融和化学分馏，逐步形成核、幔和壳。行星内部的除气过程所排出的气体为行星所俘获，形成浓密的大气层与水圈。由于各种内力和外力的作用，星体表面不断得到改造，且为年轻的地层和岩石所覆盖。

陨　星

　　陨星是从行星际空间穿过地球大气并陨落到地球表面上的宇宙固态物体。进入大气前的运行速度为 15～20 千米／秒，当距地球表面 100 千米时摩擦起火燃烧，陨星外壳融化并气化，形成气、尘和离子尾。陨星质量持续减少的过程称为"烧蚀"。此时陨星往往裂碎成几块，甚至上千块。当落至 20 千米时速度锐减到 3 千米／秒，白炽化停止，烧蚀终熄。最终以每秒几百米的自由落体速度陨落地面，烧蚀熄止后还往往伴有轰响之声。传统上研究陨星按成分分类为石质陨星、铁质陨星（或陨铁）和石铁陨星三种类型。现代则更趋于划分为层化陨星和非层化陨星两类。层化是指熔融岩体按不同成分的分层。如地球即是层化行星，由金属铁核、岩石地幔和岩石地壳三部分组成。层化陨星类型繁多，如橄榄陨铁、中陨铁、无球粒顽辉陨铁、斜长岩陨铁等。球粒陨星是非层化的，其中大多数的成分为硅、铁镍合金或硫化铁等，按主要成分还可细分为 CI、CM、CO、CV、CK、CR、CH 等次型。根据分光资料，有可能探究陨星与小行星之间的演化联系，如无球粒顽辉陨铁对应于 M 型小行星，CI 和 CM 球粒陨星对应于 C 型小行星。

按照不同的纪年方法，陨星的年龄可分为晶化年龄、辐照年龄和陨落年龄。晶化年龄是根据一对同位素放射性衰变测定的年龄，可追溯到太阳系形成之初。辐照年龄是指从开始经历宇宙线辐照起计的时间长度。陨落年龄则指到达地面并终止宇宙线辐照的岁月。

第 6 章

流星

　　流星是来自行星际空间的微小固态天体以高速进入地球大气并在夜空呈现的发光余迹现象。大小从 0.01 毫米到 10 米不等，而形成目视可见的流星现象的流星体典型大小为几毫米。进入大气的运行速度为每秒几十千米，在地球表面之上 90 ～ 100 千米处蒸发并辐射发光。凡亮度超过金星乃至白昼可见的流星称为火流星，它们在进入大气之前通常是米级大小的流星体，燃烧未尽的实体陨落地表即为陨星。以"宇宙尘"形式落向地球表面的流星物质每年平均有 1.5×10^8 千克。例如，2020年 12 月 23 日 7 时 24 分，在青海省玉树州杂多县、囊谦县和昌都，西藏航空 TV6018 航班拍到的玉树火流星，它疑似一颗近地小行星以超过第二宇宙速度冲入大气层，在青海省玉树上空 35.5 千米处产生了空

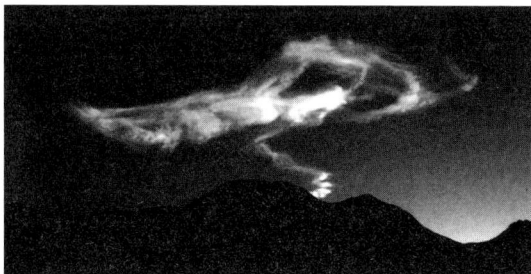

火流星尾迹云

爆，形成火流星。火球在空中解体分裂成多块碎片，并形成壮丽的火流星尾迹云。此次空爆能量相当于约 9500 吨 TNT 炸药，推断该小行星质量可能高达 430 吨。

流星雨

每当流星群与地球相遇时，地球上看到某个天区的流星明显增多的现象，人们称为流星雨。太阳系中有许多沿不同轨道环绕太阳运行的密集的流星体，它们是彗星挥发和遗撒的碎小物体。流星雨起源于彗星，而流星的前身是弥散于行星际空间的微小固态天体。每逢地球遇到轨道上的流星群最密集区，观测到的流星"天顶时数"（ZHR）激增，称为流星暴雨。与流星的随机偶现不同，流星雨出现有定时和固定的辐射点，遂以辐射点所在星座命名。最著名的如狮子座流星雨，每年 11 月 18 日前后出现，每隔 33 年有一次流星雨盛期。1799 年、1833 年和 1966 年曾出现流星暴雨。其中 1966 年的最盛期曾记录到的流星 ZHR 达 50 万个 / 小时。狮子座流星雨是周期彗星 55P/ 坦普尔－图特尔的遗撒物撞入地球大气层

1883 年狮子座流星暴雨（图画）

烧蚀产生的发光现象。国际天文学联合会（IAU）将流星区分成为 24 个流星群，截至 2023 年，有超过 800 多个命名的流星雨。最主要的流星雨是英仙座流星雨，它的高峰期出现在每年的 8 月 13 日前后，每分钟至少会出现一颗流星。另外，2004 年 3 月 7 日在火星上观测到流星雨事件。

第7章

行星际物质

行星际空间虽然空空荡荡，但并非真空，其中分布着极稀薄的气体和极少量的尘埃。在地球轨道附近的行星际空间中，每立方厘米平均约含有五个正离子（绝大部分为质子）和五个电子。此外，还充斥着来自太阳、行星以及太阳系以外的电磁波。

从地面观测得知存在行星际物质的根据是：①黄道光，②彗尾气体中的加速现象。前者是太阳光被行星际物质中质量小于 10^{-6} 克的质点所散射而造成的；后者可用太阳风的作用加以解释。目前已经清楚，太阳风是行星际物质的主要来源。太阳风是从日冕发出的一种等离子流。日冕具有一二百万摄氏度的高温，甚至连太阳那样强的引力也无法永远维系这种炽热气体。因此，就某种意义上说，行星际物质可以看作日冕的稀薄的延伸。

在 19 世纪末和 20 世纪初，科学家们认为行星际物质来自所谓太阳微粒辐射，亦即来自太阳表面活动区的高能电子。以后，德国学者林德曼认识到，所谓微粒辐射实际上是由电子和正离子组成的气体——等离子体。阿尔文等人关于太阳的高速等离子体与地球磁场相互作用的研究，使人们认识到"微粒流"来源于太阳活动区。由于太阳的自转，从非转动坐标系看来，这种来自太阳的冻结于磁力线中的带电质点流具有阿基米德螺线的形状。1958 年，范爱伦设计了地球卫星"探险者"1 号，对地球周围的行星际空间进行了探测，于 1959 年发现地球辐射带。1962 年，"水手"2 号在飞向金星的过程中，探明太阳风主要由电离氢（即电子和质子）组成，从太阳朝外径向流动，速度范围在 350 ～ 800 千米 / 秒之间，平均密度每立方厘米 5.4 个离子，离子温度大约是 16 万摄氏度，磁场强度为 6×10^{-5} 高斯。"先驱者"10 号和 11 号在飞行过程中，发回关于行星际空间的情报，发现在离太阳 1 ～ 5 天文单位范围内，太阳风平均速度变化不大，只是变化幅度大为减小；平均离子温度减少二分之一；平均离子密度近似地按距离平方反比定律减少。通过"阿波罗"登月计划所用箔收集器以及种种空间探测器的测量，已经查明，行星际质点主要是电子、质子以及氦、碳、氮、氧和重元素的核。所有这些物质都是太阳大气所固有的，其中以质子和电子为最多，这是因为氢是太阳大气中最丰富的元素而电子则是所有物质都具有的。这些质点在太阳耀斑的"闪耀"阶段被加速，脱离太阳并通过行星际磁场向外扩散。太阳风高速向外流动，当它与星际气体相遇时就终止了。

太阳风的直接测量范围只限于太阳赤道面附近 9° 以内的行星际空间，"先驱者"11 号的测量范围也只能达到日纬 20° 的行星际空间。因此，对更高日纬的行星际空间性质的研究，必须依靠彗尾观测，以及分析由行星际等离子体的不规则性所造成的来自恒星的无线电信号的"闪烁"。这种高日纬研究将提供行星际物质的三维分布和物理性质的信息。

除太阳风以外，彗星的碎裂、小行星的瓦解以及流星体和宇宙尘等都构成行星际物质的补充来源。对黄道光的研究有助于了解太阳系中行星际物质的分布状况。

本书编著者名单

编著者 （按姓氏笔画排列）

王　英	王劲松	王振一	尤建圻
叶式辉	史忠先	史建春	印春霖
邢　骏	祁贵仲	李　竞	李广宇
李兆麟	杨本有	杨海寿	肖　龙
邹仪新	宋慕陶	初　一	张明昌
张和祺	陈道汉	林元章	欧阳自远
周道祺	郑家庆	赵仑山	胡中为
胡寿村	胡福民	施广成	倪集众
黄　俊	曹天君	章振大	阎林山
焦维新	藏绍先	濮祖荫	